U0047865

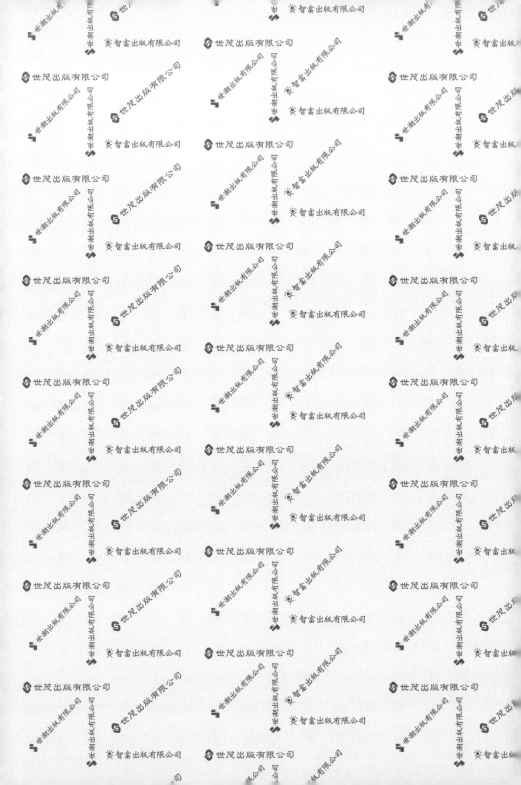

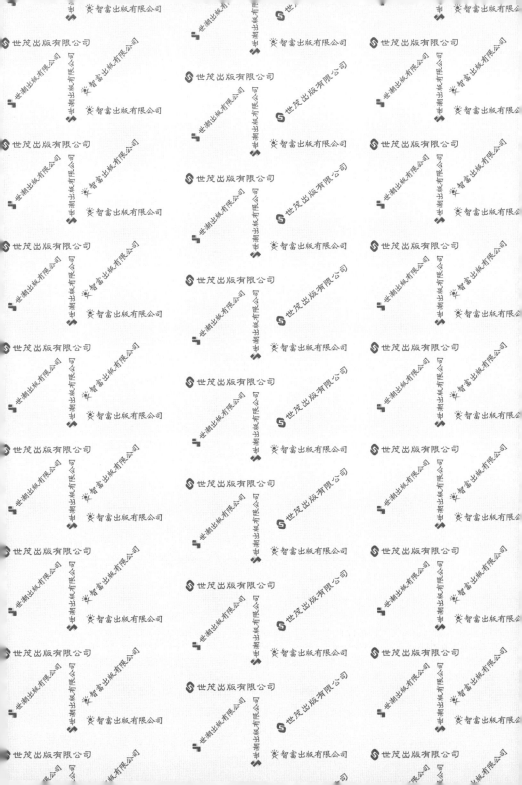

世界第一簡單
有機化學

長谷川登志夫◎著

國立臺灣師範大學化學系副教授　吳學亮 ◎審訂

陳朕疆◎譯

前言

　　有機化學探討有機化合物。有機化合物主要由碳、氫、氧、氮四種元素組成，這些元素的種類雖然不多，卻以獨特的方式結合，形成種類繁多、性質不一的有機化合物。舉例來說，構成生物體的重要物質、提供生物體養分的物質，以及藥物等，都屬於有機化合物，因此，對於從事相關產業者來說，有機化學是必備的基礎知識。

　　生物體內有許多碳原子彼此鍵結，並與氫、氧、氮等原子作用，形成各種有機化合物，使生物體得以維持生命活動。在微小的原子世界中，除了碳原子，還有上百種原子，為什麼生物體偏偏以碳原子為骨幹呢？有機化學就是在探討這個問題。

　　學習有機化學，需對原子、分子有基本的認識，例如有機化合物由什麼原子、以什麼方式鍵結而成，明白這些原理，便能認識各種有機分子的溶解度、沸點等性質差異，進而認識在什麼樣的條件下，才能讓各分子產生反應，使我們能夠製造所需的分子。因此，學習有機化學不能死背化學反應式，這不是只著重記憶力的學問，而是一門研究原子、分子性質的科學。

　　本書介紹高中程度以上的化學知識，因此，高中生閱讀本書，除了可以學到更深入的知識，還可以接觸未知的有機化學世界。本書主角是一位大學生，他將帶領讀者認識有機化學的基本概念與相關內容。舉例來說，碳原子如何鍵結成各種有機分子？不同有機分子有哪些相異性質？為什麼有些分子易溶於水？有些分子易溶於油？本書著重於說明這些基本概念。一般有機化學教科書所列舉的化學反應式，並不是本書的重點。要深入了

解有機化學，需要的不是大量背誦，而是要理解化學反應的原理。此外，本書的「作者專欄」，將從我的專業──香料化學的觀點，來補充相關知識。期待各位讀者讀完本書，能進一步認識有機化學。

最後，感謝歐姆社開發部所有工作人員幫助我完成本書，此外，根據我的原稿製作精美漫畫的TREND・PRO牧野博幸先生、負責腳本的青木健生先生，以及大竹康師先生等，我都打從心底感謝。還要特別感謝慷慨答應幫忙審訂原稿的日本琦玉大學研究所──石井昭彥教授。

長谷川登志夫

目次

序章

來自太空的有機俠

某大學——

懂了嗎？因為這樣，○○會變成△△，又因為□※☀§，所以……

雙鍵和三鍵變成……

我……不行了，老師到底在講什麼？一個字也聽不懂……

某大學一年級生
加賀邦明

看到化學式，
我就頭痛……

為什麼如此討厭
化學的我，會選
擇化學系呢……

偷瞄…

某大學一年級生
有田希美

因為，我想竭盡
所能地接近……

那位美好的女
孩。

咻——

4

唉呀！今天真是不得了啊，小哥！

咦？

你不知道嗎？有顆大隕石掉到鎮上，引起一陣混亂耶！

啊……所以警車和消防車才不斷開來開去啊。

怎麼是這種危險的大隕石呢？我比較希望幸運的流星，來實現我的願望！

咦？鎖壞了嗎？

喀啦

奇怪？我早上應該有鎖好才出門……

嘶～

找警察……
警察……

喂！年輕人！我是科學家
——有機俠！

哇哇哇

不是可疑人士啦！
你不要大聲嚷嚷！

我的調查飛行船途經此地時，突然墜落了！

哈哈

在修好之前，我只好暫時待在地球！

哈哈

你懂了吧？這是我目前的處境，我有不得已的苦衷。

但是……你為什麼要擅自侵入我的房間？

沒什麼啦，我剛才在附近和大約二十人的宇宙黑幫打架，需要在這治療傷口……

哼

哇，太誇張了吧！

話說回來，加賀同學！你的房間擺了許多有機化學書籍耶！

有機化學超入門

猴子也看得懂的 H_2O

初學碳氫化合物

超簡單化學

其實，雖然我大學主修化學……

但化學太困難，我實在讀不懂……

這樣啊！

一開始就看複雜的方程式，或把知識硬塞進腦袋，當然不懂——

啊！那是我的晚餐！

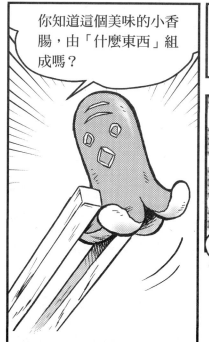

你知道這個美味的小香腸，由「什麼東西」組成嗎？

咦？

研究有機化學的出發點，是要了解這種事。

必需先從身邊的事物著手。

例如，汽油！石油！橡膠！塑膠！木頭！

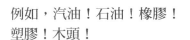

以及，牛奶！肉！蔬菜等，不管是食物，還是其他東西，都與有機化學相關！

動物與人類，都是有機化合物！

指

指

咦？

還有藥品、調味料、化學纖維等……

人類創造許多新型有機化合物，使生活變得更豐富、便利。

好……好厲害！
聽起來很淺顯易
懂！

呵呵♪
因為我是這領
域的專家啊！

依照你的方式，慢慢
學習，我就可以學會
有機化學，是嗎……

好，這麼說定囉！

咦？

我教你有機化學，你來照顧我的
生活起居吧！

哇！
不要強迫我啊……

第 1 章

化學的基礎

1.1 什麼是化學？

偶爾和別人一起吃早餐也不錯嘛，加賀同學！

有機俠，你是有機化學的專家嗎？

是！任何問題都可以問我。

請問……什麼是有機化學？

你是認真的嗎？你還好吧？你不是念化學系嗎？

哈哈哈……我念化學系啊。

嗯……化學和有機化學，可以一起說明嗎？

基本上，化學研究的是
「分子」，探討物質的
性質與反應。

不同的理科學問，研究不同
「層次」的對象。

| 生物：細胞 |
| 化學：分子 |
| 物理：原子 |

研究的層次

大

小

化學又分為不同科目，
各科研究方法不一……

唔嗯

唔嗯

物理化學	利用物理方法，研究化學。
分析化學	利用化學知識，分析物質。
生物化學	利用化學方法，研究生物學。

化學還可以依據研究
主題，分成兩類！

| 有機化學 | 研究主題是有機化合物。 |
| 無機化學 | 研究主題是無機化合物。 |

研究主題是「有機化
合物」，即為「有機
化學」！

我記得有機化合物是⋯⋯

以碳（C）和氫（H），結合其他元素的化合物！

CO CO₂

有機化合物本來是指，生物產生的所有化合物。

不過，你只需記得，有機化合物是「具有碳元素的化合物」（CO 與 CO₂是例外，不是有機化合物）。

其實有很多例外，定義有機化合物並不容易。

嗯⋯⋯有機化學好像不簡單耶！

木炭！

有例外！

沒關係！我換個說法吧！

1.2 有機化合物分子主要由碳原子組成

我們平常吃的東西，幾乎都是有機化合物啊！

咦～

沒錯！塑膠材質的碗盤也是有機化合物。

但是，陶瓷不屬於有機化合物！

一樣由碳原子組成，為什麼差這麼多？

問得好！

因為原子的鍵結方式不同，會構成不同的分子，變化萬千！

H

氫原子（H）

C

碳原子（C）

咦！變化萬千？

你太誇張了吧……

不！此時此刻，說不定就有某個有機合成實驗室，正在製造新的有機化合物！

讓碳原子與氫原子巧妙地結合（化學鍵結），即可製造變化萬千的化合物……

巧妙地結合？誰和誰巧妙地結合啊！

?

?

希美同學可不是隨便的女孩！當年若不是高中運動會的土風舞活動，我根本沒機會牽她的手！

什麼？什麼？你在說什麼啊？

總之，請回歸正題……

請看這張碳原子和氫原子鍵結的圖，你有發現什麼嗎？加賀同學？

氫有一條辮子（手），碳有四隻手，而且有三隻手空著……

沒錯！

有四隻手的碳原子會——

一次鍵結四個原子！

唉呀

咦！一次四個？

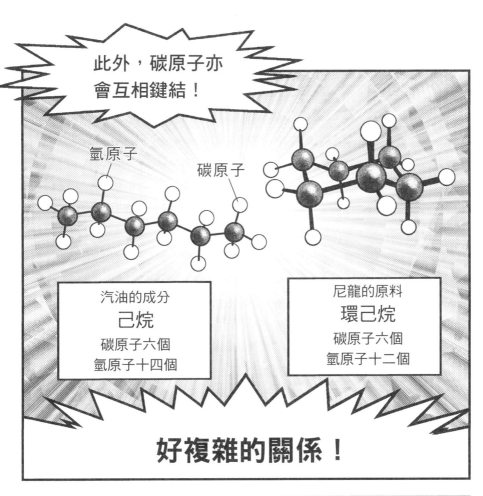

此外，碳原子亦會互相鍵結！

氫原子

碳原子

汽油的成分
己烷
碳原子六個
氫原子十四個

尼龍的原料
環己烷
碳原子六個
氫原子十二個

好複雜的關係！

為什麼碳原子可以一次勾搭這麼多原子！

呵呵……而且有機化合物不只由碳、氫組成喔！

可　惡！

覺得嚇唬崩潰的加賀很有趣！

這些都是構成有機化合物的元素！幾乎全部的有機化合物都是由這些元素的原子※組成！

咦！這些原子？

四隻手	三隻手
C 碳	N 氮

兩隻手	一隻手
O 氧	H F 氫 氟 Cl Br I 氯 溴 碘

※原子是物質，具有化學性質；而元素則是某種原子的集合名詞，不是物質，泛指「某一種類原子，其所有原子的原子核中，質子數皆相同」。可參考《3小時讀通週期表》（世茂出版）。

沒錯，包括 C 和 H，有機化合物主要由這十種※元素組成！

只有十種，好像不難記……

其中，最重要的原子是C和H，N和O為次要。

CHECK!

-C- -H-

-N- -O-

※包括 P（磷）與 S（硫）等元素。

1.3　原子結構與化學鍵結

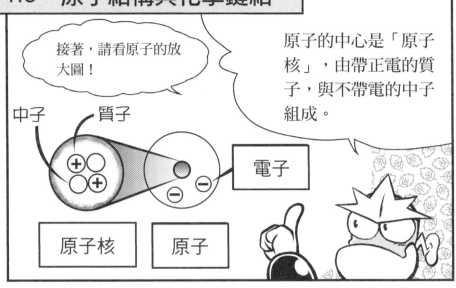

接著，請看原子的放大圖！

原子的中心是「原子核」，由帶正電的質子，與不帶電的中子組成。

中子　質子

電子

原子核　原子

帶負電的電子圍繞原子核，這些電子看起來像雲，稱為電子雲。

電子

電子雲　原子核

電子與質子的電荷相互抵銷，使原子保持電中性。

若電中性的平衡被破壞，原子會變成帶正電，或帶負電的「離子」狀態。

嘶　嘶　嘶　嘶

原子

電子是影響有機化合物鍵結的關鍵！

此外，電子並不是在原子內，隨便跑來跑去，而是保持一定的能量，分布於特定的「電子殼層」※1內。

- K層——兩個
- L層——八個
- M層——十八個※2

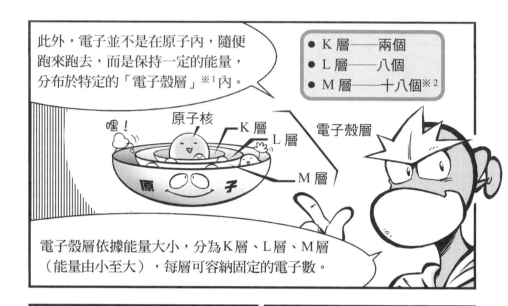

嘿！
原子核
K層
L層
M層
電子殼層

電子殼層依據能量大小，分為K層、L層、M層（能量由小至大），每層可容納固定的電子數。

電子殼層被電子填滿，會形成「封閉殼層」……

元素符號	元素名稱	質子數	電子數
H	氫	1	1
He	氦	2	2
Li	鋰	3	3
Be	鈹	4	4
B	硼	5	5
C	碳	6	6
N	氮	7	7
O	氧	8	8
F	氟	9	9
Ne	氖	10	10
Na	鈉	11	11
Mg	鎂	12	12
Al	鋁	13	13
Si	矽	14	14
P	磷	15	15
S	硫	16	16
Cl	氯	17	17
Ar	氬	18	18

擁有封閉殼層的原子很安定，不會和其他原子鍵結！例如惰性氣體。

NO!
NO!!

惰性氣體？

※1 電子殼層內有許多軌域，電子會填入軌域，不同軌域可容納不同數量的電子，而且各電子殼層擁有不同種類的軌域。詳細內容請參考《3小時讀通週期表》（世茂出版）。

惰性氣體是週期表最右行的氦（He）、氖（Ne）、氬（Ar）。

18
$_2$He 氦
$_{10}$Ne 氖
$_{18}$Ar 氬
$_{36}$Kr 氪

週期表中，排成直行的元素擁有類似的性質。

原子序代表原子所擁有的質子數。

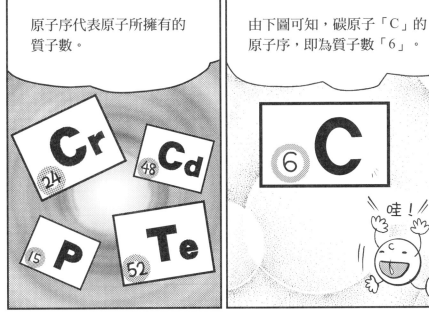

由下圖可知，碳原子「C」的原子序，即為質子數「6」。

哇！

※ 2 M 層具有 s 軌域、p 軌域，以及五個 d 軌域。這五個 d 軌域可容納十個電子，亦即 M 層共可容納十八個電子，不過有機化合物分子的鍵結，大多與 d 軌域無關。

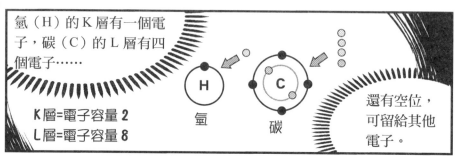

氫（H）的K層有一個電子，碳（C）的L層有四個電子……

K層=電子容量2
L層=電子容量8

氫

碳

還有空位，可留給其他電子。

電子空位的數量等於……

手的數量！

沒錯！電子越少，原子狀態越不安定，使原子彼此鍵結，產生新物質！

鍵　結!!

這就是有機化學的精髓！

接下來說明「共價鍵」吧……

不好意思…我該去學校上課了。

哈一
哈一

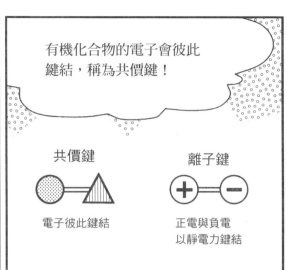

因為電子會從能量較低的電子殼層開始，一個個依序填入——

嘿唷

所以有空位的電子殼層，永遠是最外層、能量最高的電子殼層。

客滿

空位

位於最外層的電子，稱為「價電子」。

價電子

只有「價電子」可形成共價鍵。

呼呼呼

呼呼呼
遲來的共
價鍵英雄

「路易士結構」（Lewis Structure）可表示原子的價電子數！

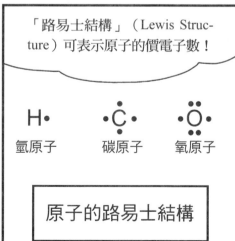

H·　　　·C·　　　·Ö·

氫原子　　碳原子　　氧原子

原子的路易士結構

H•　　•H　⟹　H:H
氫原子　氫原子　　　氫分子

H•　•Ö•　•H　⟹　H:Ö:H
氫　　氧　　氫　　　　水分子
原子　原子　原子

路易士結構可以具體表現分子具有的電子。

原來如此！這種表現方式好清楚！

你仔細看這張圖！

H:Ö:H

水分子

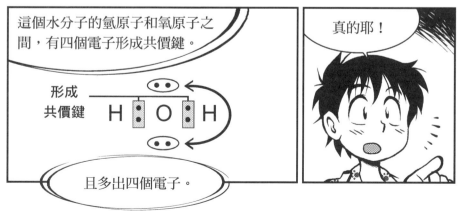

這個水分子的氫原子和氧原子之間，有四個電子形成共價鍵。

形成
共價鍵　　H • O • H

且多出四個電子。

真的耶！

裸露電子

這些「孤對電子」（lone pair electrons）裸露於分子外層，會與其他分子作用。

裸露於分子外層的電子，易攻擊其他分子。

咦？

小姐！和我反應一下吧！

這種性質對有機化合物的「酸鹼性※」與化學反應，有極大的影響……

啊，沒時間了！

咦……

啊啊啊！裸露的電子很危險喔！

搔癢

搔癢

呀──

嚇我一大跳！

你何必為了嚇我，搞成這樣……

呼─

呼─

※詳見第 4 章與第 5 章。

加賀同學，為什麼這麼想去學校呢？

唔唔唔唔唔……

把可憐的外星人關在監獄般的房間，自己離去，實在太過分了！

我的房間像監獄真是抱歉啊！

別讓我變成孤對電子啊！

我是學生，當然要去上課……

而且在學校才能見到希美同學……

哼，你滿腦子只有美女！那種蛋白質組成的肉塊有什麼了不起？

啪

啪

！！！

看這個！這才是全宇宙最美麗的……

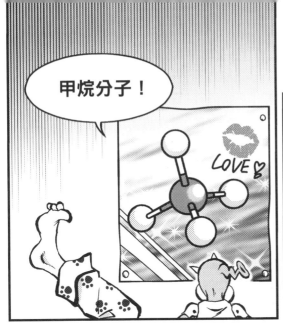

甲烷分子！

啊……這個結構多麼高雅……

臉紅

哪有啊！

這是碳結構的基本分子，對有機化合物來說，非常重要呀！

怎麼樣！
很美吧！

結構式以一條線，表示共價鍵的「單鍵」。

直通！

形成單鍵的兩個原子，會因為電子帶負電所產生的靜電力，相互排斥！

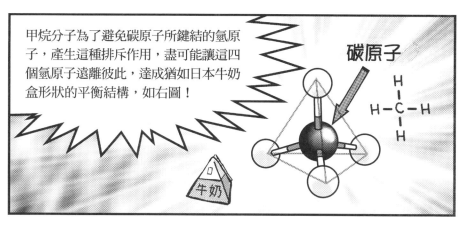

甲烷分子為了避免碳原子所鍵結的氫原子，產生這種排斥作用，盡可能讓這四個氫原子遠離彼此，達成猶如日本牛奶盒形狀的平衡結構，如右圖！

碳原子

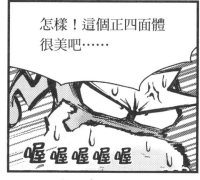

怎樣！這個正四面體很美吧……

喔喔喔喔喔

咦？

開什麼玩笑！

再和那種怪人攪和下去，我真的會遲到！

真美啊……

原子結構

　　除了氫原子，所有原子的原子核皆有帶正電（＋）的質子，以及不帶電的中子。基本上，原子由這個帶正電的原子核，以及圍繞在原子核周圍，帶負電（－）的電子所組成，舉例來說，氦原子（He）的原子核便由兩個質子與兩個中子組成。

　　原子核的正電荷數量，與所有電子的負電荷數量，大多相等，相互抵銷，使原子保持電中性。若這樣的平衡被破壞，原子會變成帶正電或帶負電的狀態，成為離子。

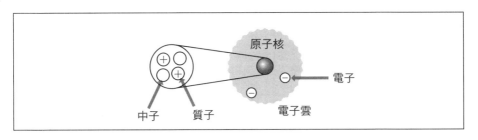

❖ 圖 1.1　原子的結構（以氦原子為例）

　　此外，電子沿固定軌道，繞著原子核轉，是我們最常見的原子結構示意模型，稱為波耳模型，如下圖所示。

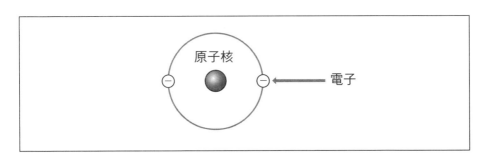

❖ 圖 1.2　波耳模型

然而，波耳模型並不精確。原子核與電子的關係，不同於行星繞行太陽的公轉運動。如左頁的圖 1.1 所示，電子大致分布於原子核周圍的某個範圍內，在此範圍內「較可能找到電子」，這便是電子雲。因為電子具有一定的能量，所以能與原子核保持的距離，構成電子雲的範圍。

　　此外，照某種順序排列元素的週期表，具有表示元素性質的週期性，這種順序由俄羅斯科學家——德米特里・門得列夫，於一八六九年排列成形。下表 1.1 即為有機化合物分子常用的元素（至第三週期為止）。

❖ 表 1.1　週期表第三週期之前的元素，所具有的質子數與電子數

元素符號	元素名	質子數	電子數
H	氫	1	1
He	氦	2	2
Li	鋰	3	3
Be	鈹	4	4
B	硼	5	5
C	碳	6	6
N	氮	7	7
O	氧	8	8
F	氟	9	9
Ne	氖	1 0	1 0
Na	鈉	1 1	1 1
Mg	鎂	1 2	1 2
Al	鋁	1 3	1 3
Si	矽	1 4	1 4
P	磷	1 5	1 5
S	硫	1 6	1 6
Cl	氯	1 7	1 7
Ar	氬	1 8	1 8

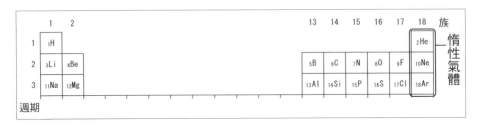

❖圖 1.3　週期表（第一週期至第三週期）

認識每種元素的原子結構，以及週期表元素排列順序的意義，便能了解各元素的鍵結方式。表 1.1 將最重要的元素，以灰底標示，這些元素對應於圖 1.3 的最右欄──氦（He）、氖（Ne）、氬（Ar），亦即惰性氣體（又稱為稀有氣體、貴重氣體）。這些元素的原子不會和其他原子鍵結，不會形成分子※。有機分子的結構與化學反應，皆與電子數密切相關，因為原子藉由電子鍵結。表 1.1 的灰底部分是惰性氣體元素，它們的電子數為 2、10、18，以 8 為單位依次增加，這個「8」是關鍵數字。接下來，我們將探討原子結構，介紹電子的重要性，說明「8」的意義。

※嚴格來說，惰性氣體元素的原子並非完全不會形成分子，但筆者為了讓讀者明白有機化合物的鍵結方式，故以此概念說明。

⬡ 軌域與電子組態

如前所述，原子由原子核，以及原子核周圍的電子所構成。原子核周圍繞著電子殼層，電子殼層內有軌域。具有能量的電子即是填入這些軌域，繞著原子核轉。然而，這些「軌域」並不是明確的軌道，而是指「某個固定的範圍」（請參考《3 小時讀通週期表》對海森堡側不準原理的介紹），我們無法確定電子的確切位置。此外，表 1.1 的元素，逐漸增加的電子數有什麼意義呢？回答這個問題之前，我們先來了解原子如何增加電子數吧！原子要增加電子數，必須先有容納新電子的電子殼層與軌域，而這些軌域具有以下兩個特性。

首先，每個電子殼層的能量並非連續，每個電子殼層都有特定的能量，而且不同軌域的能量也是不連續的。能量由低至高的電子殼層，分為K層、L層、M層等，它們猶如建築物的樓層，一樓、二樓、三樓……一層層疊上去，

但是兩個樓層間沒有像樓梯一樣，連接兩個樓層的東西，電子從一樓移動到二樓，並不是一階一階地爬樓梯上去，而是一口氣跳到上面的樓層，亦即各電子殼層的能量不具連續性，為什麼呢？因為構成電子殼層的各軌域能量，不具連續性。

其次，軌域的形狀可分為兩大類，一類為s軌域，如圖1.4所示，是以原子核為中心的球狀區域，由於是球狀區域，所以沒有方向性；另一類為p軌域，由三個相互垂直，且分別往 x, y, z 方向延伸的區域所構成，如圖1.5。由此可知，p軌域具有方向性，相對於沒有方向性的s軌域。

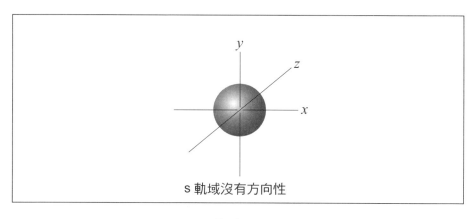

s 軌域沒有方向性

❖ 圖 1.4　s 軌域的形狀與範圍

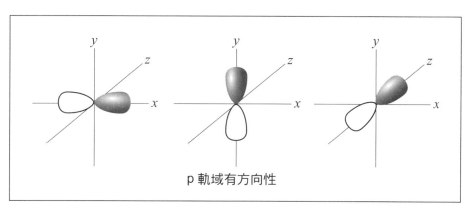

p 軌域有方向性

❖ 圖 1.5　p 軌域的形狀與範圍

原子的所有軌域皆具有上述兩種特性。能量最低的電子殼層——K層，只有s軌域，以 1s表示（1 代表K層）；能量第二低的L層，則有 2s、2p這兩個軌域（2 代表L層），其中，p軌域有 x、y、z三個方向，每個方向各有一個軌域，所以L層其實有 2s、$2p_x$、$2p_y$、$2p_z$這四個軌域，而且 2p軌域的能量比 2s軌域高一點。電子需一一填入軌域，才能構成原子，而要從哪個軌域開始填入電子，取決於軌域的能量高低，能量越低的軌域越先填入電子，也就是說，電子填入的順序為 1s、2s、2p（$2p_x$、$2p_y$、$2p_z$）。電子就像房客，電子殼層像樓層，軌域則像房間。

	能量	電子殼層		軌域種類（房間種類）		
三樓	高	M 層	3s	3p（$3p_x$、$3p_y$、$3p_z$）		3d（五種）
二樓	↓	L 層	2s	2p（$2p_x$、$2p_y$、$2p_z$）		
一樓	低	K 層	1s			

一樓只有一個 1s 的房間；二樓則有四個房間，其中三個房間的能量較高；三樓（M層）有 3s、$3p_x$、$3p_y$、$3p_z$這四個房間（參照右頁的註），電子即是按照這樣的順序，一一填入。不過，電子填入軌域還必須遵守另一個原則——包立不相容原理（Pauli exclusion principle），亦即一個房間最多只能容納兩個電子，而且若一個房間內有兩個電子，這兩個電子的「自旋」須為反向。自旋（又稱電子自旋）是指電子的自轉方向，分兩種。位於同一個房間且自轉方向相反的兩個電子，稱為電子對。此外，由於p軌域由三個能量相同的區域所構成，若有兩個以上的電子要填入p軌域，這些電子不會一開始就填入同一個區域，而是先分別填入不同的區域，等到三個區域都有一個電子，才會繼續填入，形成電子對，這個規則稱作罕德定則（Hund's rule）。整理上述規則，各個元素的電子組態（電子的填入方式），即可整理成表 1.2。

❖ 表 1.2　週期表第三週期之前，元素的電子組態

原子序	元素符號	元素名稱	K層	L層				M層			
			1s	2s	2p$_x$	2p$_y$	2p$_z$	3s	3p$_x$	3p$_y$	3p$_z$
1	H	氫	1								
2	He	氦	2								
3	Li	鋰	2	1							
4	Be	鈹	2	2							
5	B	硼	2	2	1						
6	C	碳	2	2	1	1					
7	N	氮	2	2	1	1	1				
8	O	氧	2	2	2	1	1				
9	F	氟	2	2	2	2	1				
10	Ne	氖	2	2	2	2	2				
11	Na	鈉	2	2	2	2	2	1			
12	Mg	鎂	2	2	2	2	2	2			
13	Al	鋁	2	2	2	2	2	2	1		
14	Si	矽	2	2	2	2	2	2	1	1	
15	P	磷	2	2	2	2	2	2	1	1	1
16	S	硫	2	2	2	2	2	2	2	1	1
17	Cl	氯	2	2	2	2	2	2	2	2	
18	Ar	氬	2	2	2	2	2	2	2	2	2

最多容納兩個　　　最多容納八個　　　最多容納八個

　　如表 1.2 所示，K層最多可容納兩個電子，L層和M層最多可容納八個電子[※]。接下來，我們將說明電子組態，與化學鍵結的關係。

[※] M層除了上表的八個電子，還有五個d軌域，每個d軌域皆可填入兩個電子（共十個），因此，加上s軌域與p軌域的八個電子，M層總共可容納十八個電子。因為有機化合物的鍵結，通常和d軌域沒有關係，所以此文省略。

⬡ sp³ 混成軌域與單鍵

如圖 1.6 所示，氫分子由兩個氫原子的 1s 軌域重合所構成。這種軌域重合的鍵結形式，稱為共價鍵。因為球狀的 s 軌域不具方向性，所以不論是什麼軌域，從哪個方向與 s 軌域重合，所產生的結構都一樣。但是，p 軌域有 x、y、z 三個方向，因此與不同軌域重合所產生的結構會不同。亦即，具有方向性的軌域，限制了原子的鍵結，決定分子的立體結構。之前我們討論共價鍵，幾乎不考慮分子的立體結構，但真實的分子其實是存在於三維空間，我們應該考慮立體結構。然而，分子的立體結構以什麼方式來決定呢？簡單來說，就是取決於原子軌域的重合，所產生的方向性。

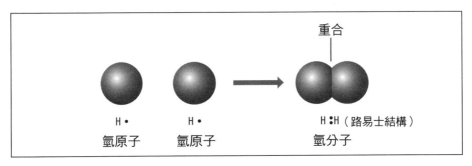

❖圖 1.6　兩個氫原子的 1s 軌域重合，形成氫分子

碳原子 L 層的 s 軌域和 p 軌域，各有兩個電子，碳原子藉由這些軌域，形成化學鍵結。由表 1.2 可知，碳原子與其他原子鍵結所用到的電子軌域，是 L 層的 2p 軌域，因此，考慮到 p 軌域的方向性，我們可以推測，甲烷分子的碳原子和四個氫原子，應該會以相互垂直的方式鍵結。

然而，甲烷分子的實際結構卻是正四面體。碳原子伸出的四隻手，夾角完全一樣，亦即碳原子的四個軌域，朝四個相互對等的方向延伸出去，我們可以把它想成：L 層的 2s 軌域和三個 2p 軌域所組成的四個等價軌域，碳原子利用這些軌域形成共價鍵。這些等價軌域稱為 sp³ 混成軌域（圖 1.7），而這些共價鍵則稱為單鍵。

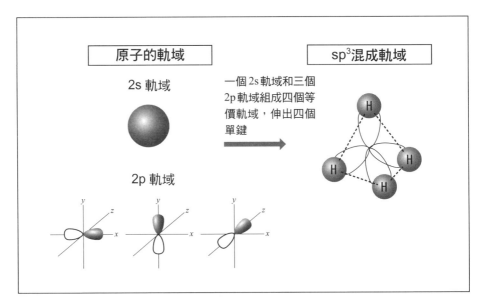

❖ 圖 1.7　2s 軌域和 2p 軌域形成的 sp³ 混成軌域

　　上述概念難以理解，是因為原子的世界相當微小。不同原子的半徑皆不同，但大致上約為 10^{-10} m。我們常以自己熟悉的標準，去想像其他世界，然而以人類世界的尺度，去思考極小的原子世界，或極大的宇宙，很不合理吧？將自己習慣的尺度與規則，強行用於尺度不同的世界，對科學來說是行不通的。人類的成見在大自然的規則下，顯得微不足道，我們只能虛心接受大自然教我們的規則。科學研究應該致力於了解、創造新的想法與概念，突破人類的認知極限，探索世界。依據此信念，本書將用簡單明瞭的方式，介紹有機化學的世界。

料理是有機化學的實驗

　　人類的日常生活充滿了有機化合物。請仔細觀察，我們的生活其實奠基於各種有機化合物的反應。其實我們天天做的料理就是有機化學的實驗，舉例來說，製作麵包的材料，包括麵粉、酵母粉、砂糖、鹽、水等。而製作方法不外乎是將麵粉、酵母粉、水等，邊混合邊加水，便會形成有彈性的麵團。

　　這些材料可形成有彈性的麵團，是因為這些有機化合物的性質，若揉合沙子和水，即不會有相同的效果。此外，麵團需處於大約 36°C 的環境自然膨脹，因為酵母菌這種微生物細胞的酵素（使生物體內的化學反應，更容易進行的催化劑）會進行化學反應。酵素主要由蛋白質構成，需要適量的濕氣與適當的溫度，才可進行化學反應。混合各種材料（猶如化學實驗的各種藥品），經過多個步驟、控制溫度，努力使化學反應朝自己想要的方向前進，最後完成美味的麵包。這一整個過程，形同有機化學的實驗呀！

　　綜上所述，做麵包的過程，即是一個化學反應。這個化學反應的主角是麵粉，而麵粉的主要成分是大量葡萄糖物質連結而成的澱粉分子。此外，大量胺基酸物質連結而成的蛋白質，也扮演了重要的角色。當然，還有許多物質參與其中，例如酵素這種蛋白質，而葡萄糖和蛋白質皆為「有機化合物」。換句話說，擅長做料理等於擅長有機化學實驗呢！

第 **2** 章

有機化學的基礎

所以
$CH_3(CH_2)_{14}CO_2H$
就是
$HO_2C-CH_2-CH_2-……$

唉～雖然我不顧一切地
衝到教室聽課，但還是
完全聽不懂啊……

算了，反正
我上課也不
是為了聽課
……

偷瞄

啊！可愛的
希美
同學！

先別管這個，我不如在這裡繼續教你有機化學吧！

咦？

你的筆記本一片空白，表示你完全聽不懂那位教授的說明吧？

唔……
我無法否認。

加賀同學，
你聽過「官能基」嗎？

笨……笨蛋！
別在這種地方
開黃腔啦……

壓下

喂！你是不是誤會啦！

官能基是使有機分子具備重要功能的原子和原子團！

你是指碳原子和氫原子結合，
會變成官能基嗎？

沒錯！

碳與氫結合的官能基稱作
「烴基」，又稱為碳氫基。

有機化合物都有這種
分子骨架。

這個「R」
是什麼意思呢？

由碳與氫組成的烴基，
有時寫成 R。

R

碳氫骨架 —— 官能基

若將乙烷的一個氫原子，
置換成由氧原子與氫原子
構成的「羥基」……

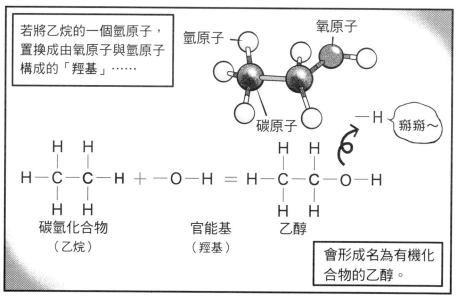

氫原子

氧原子

碳原子

—H 掰掰～

$H-\overset{\overset{\displaystyle H}{|}}{\underset{\underset{\displaystyle H}{|}}{C}}-\overset{\overset{\displaystyle H}{|}}{\underset{\underset{\displaystyle H}{|}}{C}}-H \ + \ -O-H \ = \ H-\overset{\overset{\displaystyle H}{|}}{\underset{\underset{\displaystyle H}{|}}{C}}-\overset{\overset{\displaystyle H}{|}}{\underset{\underset{\displaystyle H}{|}}{C}}-O-H$

碳氫化合物
（乙烷）

官能基
（羥基）

乙醇

會形成名為有機化
合物的乙醇。

除了羥基，還有許多官能基喔！下面是較具代表性的官能基！

官能基名稱		官能基結構	有機化合物名稱
烴基		$-\overset{\mid}{\underset{\mid}{C}}-\overset{\mid}{\underset{\mid}{C}}-$	烷類
		$\underset{\diagup}{\overset{\diagdown}{C}}=\underset{\diagdown}{\overset{\diagup}{C}}$	烯類
		$-C\equiv C-$	炔類
羥基		$-\overset{\mid}{\underset{\mid}{C}}-O\overset{H}{}$	醇類
		$Ar-O\overset{H}{}$ （Ar=芳香環）	酚類
醚鍵		$-\overset{\mid}{\underset{\mid}{C}}-O-\overset{\mid}{\underset{\mid}{C}}-$	醚類
羰基 $\underset{\diagup}{\overset{\diagdown}{C}}=O$	甲醯基	$-C\overset{O}{\underset{H}{}}$	醛類
	羧基	$-C\overset{O}{\underset{O-H}{}}$	羧酸類
	酯鍵	$-C\overset{O}{\underset{O-R}{}}$ （R=烴基）	酯類
胺基		$-\overset{\mid}{\underset{\mid}{C}}-N\overset{R}{\underset{R}{}}$ （R=H或烴基）	胺類

Ar：芳香環，表示苯環或是苯環的衍生物，這種結構在分子內特別穩定。

哇～
有好多鍵
結方式！

之前提到，碳原子有四隻可與其他原子鍵結的手。

手可以和各種官能基結合，形成各種有機化合物與性質！

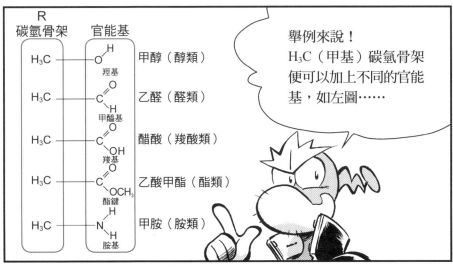

R
碳氫骨架　官能基

碳氫骨架	官能基	
H_3C	O—H（羥基）	甲醇（醇類）
H_3C	C 甲醯基	乙醛（醛類）
H_3C	C—OH（羧基）	醋酸（羧酸類）
H_3C	C—OCH_3（酯鍵）	乙酸甲酯（酯類）
H_3C	N 胺基	甲胺（胺類）

舉例來說！
H_3C（甲基）碳氫骨架便可以加上不同的官能基，如左圖……

可製作酒精燈燃料的甲醇、會造成病態建築症候群（簡稱SBS）的乙醛※，

以及食用醋的主成分——醋酸，這些分子的性質都有極大差異。

醋

※相較於乙醛，甲醛 HCHO 可能較為眾人所知，甲醛也是造成病態建築症候群的原因之一。

咦？上頁圖中，好像有用兩條線連接的原子耶……

哇！你竟然注意到了！這稱為「雙鍵」！

原子能以單鍵或雙鍵結合，相同的原子以不同方式鍵結，

即可產生無數種性質不一的有機化合物！

2.2　有機化合物的命名法

無數種啊……

聽起來很厲害啦，但這就代表「根本背不起來」吧？

什麼啊！根本不用擔心這個，加賀同學！

International Union of Pure and Applied Chemistry

（簡稱 IUPAC）

因為有這個機構呀！

什麼啊……是職業摔角團體嗎？

看來你的英文也不怎麼樣嘛！

這是稱為「國際純粹與應用化學聯合會」的國際學術機構！

「IUPAC 命名法」是所有化合物的命名規則，當然包括有機化合物。

標明具有哪種官能基，附於碳氫骨架的哪個位置。

有機化合物分子

碳氫骨架 ━━━ 官能基

標明此碳氫骨架由多少個碳原子組成，碳原子以什麼方式鍵結。

不過必須了解分子的結構，才能掌握這套規則。

還是要背一堆很難的東西嘛！

不用擔心！
你只需記得命名的
「步驟」。

首先，請看 P.47 的表，
有機化合物分子的碳氫
骨架——甲基。

H₃C
甲基

有機化合物的名
稱標明分子具有
幾個碳原子，以
什麼方式鍵結。

甲基
H₃C

＋

官能基

若有官能基，需標明
官能基的種類，以及
它位在碳氫骨架的何
處，置於有機化合物
名稱後面。

聽不懂嗎？
我用具體例子
來說明吧！

碳原子個數	
1	甲（metha）
2	乙（etha）
3	丙（propa）
4	丁（buta）
5	戊（penta）
6	己（hexa）
7	庚（hepta）
8	辛（octa）
9	壬（nona）
10	癸（deca）

首先，
計算包括碳氫骨
架，此有機化合
物分子共有多少
個碳原子。

接著，將與這個
數字對應的描述
詞，放在有機化
合物名稱的前
面。

舉例來說，己烷有六個碳原子，所以最前面要加「己（hexa）」。

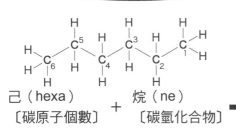

己（hexa）　＋　烷（ne）　➡　己烷（hexane）
〔碳原子個數〕　　〔碳氫化合物〕　　　〔IUPAC 命名法〕

接著，加上「烷（ne）」，標明是碳氫化合物※，整個有機化合物名稱是「己烷（hexane）」。

※嚴格來說，己烷是飽和碳氫化合物。

以乙醇為例，則多一個步驟。

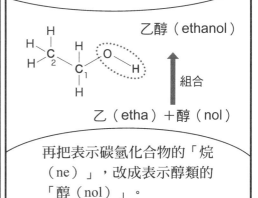

乙烷（ethane）

⬇ 分解

乙（etha）＋烷（ne）

首先，如左圖，寫出「乙烷（ethane）」。

乙醇（ethanol）

⬆ 組合

乙（etha）＋醇（nol）

再把表示碳氫化合物的「烷（ne）」，改成表示醇類的「醇（nol）」。

以上就是有機化合物的基本命名法。

嗯——

把這些規則背下來，要花很多時間耶……

那麼，接下來——

什麼！還有要背的規則嗎？

沒有啦！只剩一點點，真的！

學習有機化合物的命名法，與其鑽牛角尖地思考為什麼，不如老實地「背起來」，會比較輕鬆。

嗯……

這樣呀……

週期表的第十七族，稱作鹵素。若鹵素與烴類組成「鹵化烴」等分子，即有特殊的命名法。

		描述詞
F	氟	氟化（fluoro）
Cl	氯	氯化（chloro）
Br	溴	溴化（Bromo）
I	碘	碘化（iodo）

如前所述，先依據碳氫骨架的碳原子個數命名……

再依據鹵素分子的種類，加上對應的描述詞。

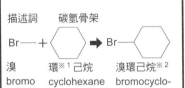

描述詞　　碳氫骨架

Br— ＋ ⬡ ➡ Br—⬡

溴　　　環※1己烷　　溴環己烷※2
bromo　cyclohexane　bromocyclo-
　　　　　　　　　　hexane

如上圖。

此外，還有以下的規則。

化合物名稱	命名規則
醇	(1)簡單的醇類：語尾的烷(-e) 改為醇(-ol) (2)複雜的醇類：hydroxyl ＋烷類名稱
醛	(1)語尾的烷(-e)改為醛(-al) (2)烷類名稱前面加描述詞甲醯（formyl）
酮※3	(1)語尾的烷(-e)改為酮(-one) (2)碳氫骨架名稱後面加酮(ketone)
羧酸	(1)語尾的烷(-e)改為酸(-oic) 　後面再加上表示酸的 acid (2)有兩個羧基的羧酸，命名為二酸

好……我只要想辦法記住這些規則，我的有機化學應該會……

其實還有一個要記……

爆發！

喂！加賀！你很吵耶！

真的啦！這真的是最後的規則！沒騙你！

平常明明都不理人，怎麼現在這麼………

※ 1 cyclo 為表示環狀的描述詞。
※ 2 中文常省略溴化的「化」。
※ 3 請參考第 4 章第 129 頁。

咦？坂崎同學？

倒下

乖——乖——
做得很好喔！

沒什麼啦，為了不要讓他們妨礙你學習，

天啊！

我叫碳原子，讓全班同學安靜一下。

哇！
連希美同學也……

我只是用藥讓她睡一下，不用擔心啦！

為了不要讓大家的犧牲白費，我們繼續加油，把這個部分學完吧！

最後要注意的是，官能基「接於碳氫骨架的哪個碳原子」！

依據不同的分子種類，官能基連接的位置會有所差異。

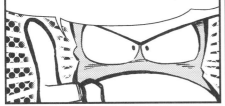

要接在哪裡呢～

為了準確辨別官能基的位置，我們會為碳氫骨架加編號，決定官能基的「**位置編號**」。

$$5 \quad 4 \quad 3 \quad 2 \quad 1$$
$$CH_3CH_2CH_2CH_2CH_2$$
$$|$$
$$OH$$

第 **1** 個碳 ···· | 戊醇 |

$$5 \quad 4 \quad 3 \quad 2 \quad 1$$
$$CH_3CH_2CH_2CHCH_3$$
$$|$$
$$OH$$

第 **2** 個碳 ··· | 2-戊醇 |

若官能基連接於某個編號的碳，有機化合物的名稱即會包括這個編號。

此外，官能基的位置編號越小越好。

所以要由右往左編號嗎？

常有人忽略這一點，一定要特別注意！

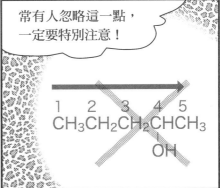

$$1 \quad 2 \quad 3 \quad 4 \quad 5$$
$$CH_3CH_2CH_2CHCH_3$$
$$|$$
$$OH$$

如此一來，有機化合物的命名法你都熟悉了吧！

哈哈　哈哈

嗯！我應該看懂了吧！

回過神來才發現，大家都睡著了……而且你們還一直吵鬧……

糟糕！我忘記教授還醒著！

上老夫的課有那麼無聊嗎！

口※☀§

滾出去！

深入了解

雙鍵與三鍵

　　碳原子與碳原子的鍵結有三種方式：各伸出一隻手的單鍵、各伸出兩隻手的雙鍵，以及各伸出三隻手的三鍵。請看圖 2.1 所列出的三種代表性化合物，乙烷的碳原子由單鍵結合，在三維空間中，每個鍵結互相對稱且等價；乙烯的碳原子由雙鍵結合，在平面上，三個鍵結互相對稱且等價；乙炔的碳原子由三鍵形成直線結構。這三種鍵結到底有何不同呢？這點可由氫氣加成反應的結果看出來。

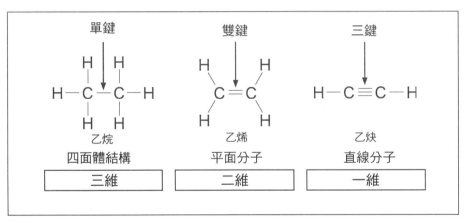

❖ 圖 2.1　單鍵、雙鍵、三鍵的立體分子結構

　　下頁圖 2.2 表示乙炔進行氫氣加成反應，形成乙烷的過程，詳細步驟將於第 5 章說明。乙炔變成乙烷後，無論怎麼混合氫氣也不會變化。乙烯的「C＝C」雙鍵與乙烷分子的結構不同，有一個鍵結與一般的單鍵（σ 鍵）相同，但另一個鍵結可以和氫氣反應（附加反應），稱為 π 鍵。由圖 2.2 的反應過程可知，乙炔是由「C≡C」三鍵所形成的分子，其中一個鍵結是 σ 鍵，另外兩個鍵結則是 π 鍵。此外，這些分子的碳原子與氫原子則以單鍵鍵結。

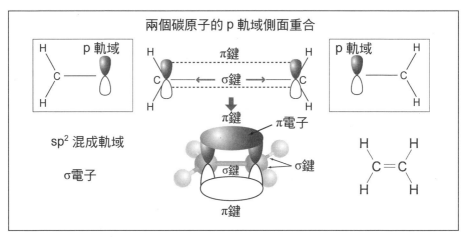

❖ 圖 2.2　　乙炔進行氫氣加成反應，形成乙烯與乙烷

　　雙鍵和三鍵以什麼方式形成呢？了解sp³ 混成軌域的概念，有助於我們認識這些鍵結的形成：雙鍵結構的一個 2s 軌域和兩個 2p 軌域重合，形成 sp² 混成軌域，在同一平面上伸出三個 σ 鍵；而三鍵結構則是一個 2s 軌域和一個 2p 軌域重合，形成 sp 混成軌域，在同一直線上伸出兩個 σ 鍵。這兩種鍵結方式會有數個軌域及電子沒被用到，雙鍵的碳剩下 2p 軌域與一個電子；三鍵的碳剩下兩個 2p 軌域，且各有一個電子。這些電子有什麼作用呢？如圖 2.3、圖 2.4 所示，兩個碳原子會讓 p 軌域的側面重合，共用電子對，形成鍵結，稱作 π 鍵，而形成此鍵結的電子稱作 π 電子。順帶一提，形成 σ 鍵的電子稱作 σ 電子。由圖可知，相較於 σ 鍵，π 鍵的軌域重合部分較小，因此 π 鍵的力量比 σ 鍵弱，而且 π 電子不位於分子平面上，所以容易被電子吸引的化合物（例如氫分子）會靠近，產生圖 2.2 的反應。

❖ 圖 2.3　　乙烯的雙鍵

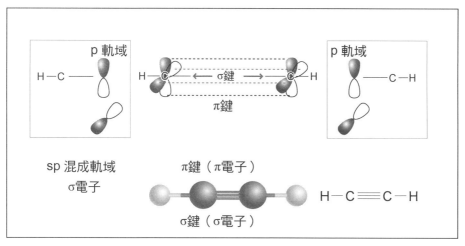

❖ 圖 2.4　乙炔的三鍵

共軛與共振

要表示有機化合物結構的特徵，必須使用到共軛與共振的概念，而且解釋化學分子的反應性質，亦會提到這兩個專有名詞。這兩個概念很類似，常讓人混淆，因此下文以丁二烯為例，說明兩者的差別。

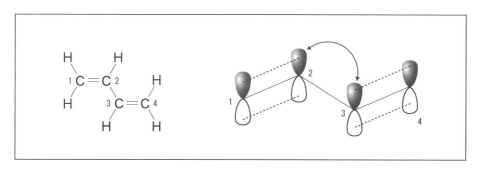

❖ 圖 2.5　丁二烯的化學鍵結

如圖 2.5 左部所示，丁二烯分子有兩個雙鍵，而且這兩個雙鍵之間有一個單鍵。這兩個雙鍵中，有一個是 π 鍵，重合了 p 軌域的側面，使碳原子與碳原子相互鍵結。如圖 2.5 右部所示，C1 和 C2、C3 和 C4 之間有雙鍵。C2 的 p 軌

域旁邊，不只有形成雙鍵的C1p軌域，另一邊還有C3的p軌域。換句話說，從軌域看來，C2和C3之間亦有π鍵，這個分子C2、C3的p軌域之間，具有同於π鍵的交互作用，使C2和C3擁有類似雙鍵的性質，另一方面，C1和C2之間的雙鍵性質則比一般的雙鍵弱。這些性質差異與鍵結的長度有關，通常雙鍵的長度比單鍵短。共軛結構的C1和C2，形成雙鍵的距離會伸長；反之，原本為單鍵的C2和C3，鍵結距離會縮短（嚴格來說，C1和C2的距離，還是比C2和C3的距離短，亦即，C1和C2的雙鍵性質較明顯）。這種現象的成因，主要是兩個雙鍵之間夾了一個單鍵。此外，我們把「C1＝C2」的雙鍵與「C3＝C4」的雙鍵，稱作共軛結構，可表示成：

$$H_2C \overline{} \underset{1}{} CH \overline{} \underset{2}{} CH \overline{} \underset{3}{} CH_2 \underset{4}{}$$

也能用傳統的化學式表示成：

$$H_2C = CH - CH = CH_2 \longleftrightarrow H_2\overset{+}{C} - CH = CH - \overset{-}{C}H_2$$
$$\text{(A)} \qquad\qquad \text{丁二烯} \qquad\qquad \text{(B)}$$

　　其實丁二烯的結構既不是（A）也不是（B），丁二烯是（A）和（B）的共振混合物（共振混種）。（A）和（B）的結構並不存在，我們只是因為丁二烯的結構無法用單一結構來表示，因此虛構了（A）與（B）來表示，亦即丁二烯同時具有（A）、（B）的結構特性，但不等同於二者。（A）和（B）稱作共振結構，兩者皆代表丁二烯某部分的特性，但是丁二烯較有可能展現（B）的特性，因為（B）有不穩定的電荷，較易產生反應。綜上所述，共振一詞可用來描述分子真正的結構。總而言之，共振是人們表示複雜分子結構的方法。

肉眼可見的巨型分子

幾乎所有的分子都很微小，須使用特殊的顯微鏡觀察，不過有些分子能用肉眼看見，那就是聚合物（polymer）。聚合物的分子量多大於10000。相對於聚合物，基礎化學所介紹的分子，例如乙醇（分子量46.07）、乙烯（分子量28.05）等有機化合物，稱作單體（monomer）。一般有機化合物的分子量大約為 100～300，由分子量可知，聚合物是相當巨大的分子。其實聚合物是由許多單體連接而成的產物。

聚合物可以大致分成兩類：一類存在於自然界的動植物體內，是天然聚合物；另一類是人工製造的合成聚合物。下表為具代表性的例子。

聚合物的例子

天然聚合物	澱粉、蛋白質、DNA、RNA、天然橡膠
合成聚合物	尼龍、聚酯、聚乙烯、聚丙烯、聚氯乙烯

合成聚合物是我們日常生活不可或缺的材料，例如，尼龍和聚酯等合成纖維常用於衣料，此外，聚氯乙烯具有硬度，所以一般家庭的排水管便是用聚氯乙烯製成，而天然聚合物的代表——澱粉與蛋白質，則是支持生命的重要物質。

尼龍、聚乙烯、天然橡膠等聚合物無法溶於水，但將澱粉與蛋白質丟入水中、提高溫度，卻可溶解。難道澱粉和蛋白質的巨型分子結構被水分子破壞，成為一個個小分子（單醣和胺基酸）了嗎？不，這些聚合物只是被分散成許多粒子，漂浮於溶液之中，猶如在海中載浮載沉，與一般物質的「溶解」不一樣。這些漂浮於溶液中的分子大小，約為 10^{-7} ～10^{-9}m，稱為膠體。一般的原子大小約為 10^{-10}m，所以膠體粒子大約比一般原子大十倍到一千倍。人體內的澱粉和某些種類的蛋白質，會在溶液中分散成一個個的膠體，於人體內移動，支持所有生命活動。由此可知，生命的誕生與維持，須仰賴許多物質的特性。

第 **3** 章

有機化合物的結構

3.1 什麼是異構物？

被老師趕出教室了⋯⋯

嗯⋯⋯

我失去唯一能和希美同學一起度過的時光⋯⋯

那又怎樣！至少我們知道她還在裡面啊！在這裡守株待兔，她總是會出來。

我們好像跟蹤狂！

難道⋯⋯加賀同學只要默默看著她，就滿足了嗎？

咦？

鼓起勇氣搭訕她吧！

有機化學將賦予你勇氣！（才怪）

原子也是鼓起勇氣，形成鍵結，才能構成各種「異構物」喔！

異構物⋯⋯你是指那種氫原子嗎？

你好！

為了方便說明，我先把氫原子比喻成女性吧！

分子的原子數量與種類都相同——

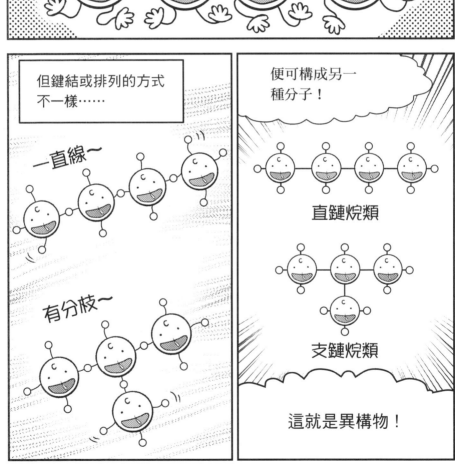

但鍵結或排列的方式不一樣……

一直線～

有分枝～

便可構成另一種分子！

直鏈烷類

支鏈烷類

這就是異構物！

咦？改變鍵結的方式，會改變性質？

對啊，人類不是也常發生這種事嗎？男孩牽到女孩的手，以為雙方兩情相悅，誰知道隔天早上起床，發現她竟然長出鬍子……

你別亂扯啦！

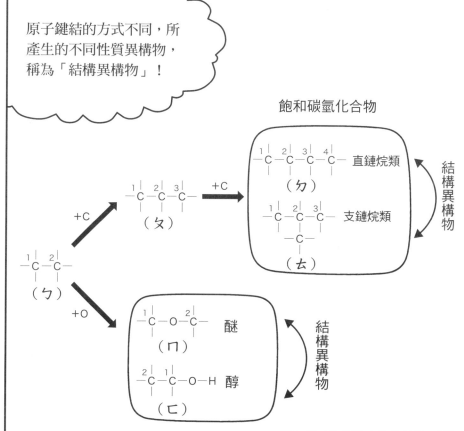

原子鍵結的方式不同，所產生的不同性質異構物，稱為「結構異構物」！

飽和碳氫化合物

$-\overset{|}{\underset{|}{C}}{}^1-\overset{|}{\underset{|}{C}}{}^2-\overset{|}{\underset{|}{C}}{}^3-\overset{|}{\underset{|}{C}}{}^4-$ 　直鏈烷類
（ㄅ）

$-\overset{|}{\underset{|}{C}}{}^1-\overset{|}{\underset{|}{C}}{}^2-\overset{|}{\underset{|}{C}}{}^3-$ 　支鏈烷類
$\overset{|}{\underset{|}{C}}-$
（ㄊ）

結構異構物

$-\overset{|}{\underset{|}{C}}{}^1-\overset{|}{\underset{|}{C}}{}^2-\overset{|}{\underset{|}{C}}{}^3-$ 　＋C
（夂）

$-\overset{|}{\underset{|}{C}}{}^1-\overset{|}{\underset{|}{C}}{}^2-$ 　＋C
（ㄅ）

＋O

$-\overset{|}{\underset{|}{C}}{}^1-O-\overset{|}{\underset{|}{C}}{}^2-$ 　醚
（ㄇ）

$-\overset{|}{\underset{|}{C}}{}^2-\overset{|}{\underset{|}{C}}{}^1-O-H$ 　醇
（ㄈ）

結構異構物

會形成有機化合物乙烷（C_2H_6）。

如上頁圖，將兩個碳原子排成（ㄅ）的樣子，再將剩下的手全部加上氫原子……

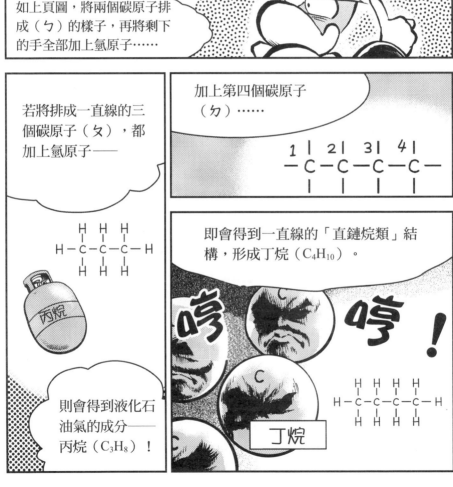

加上第四個碳原子（ㄅ）……

若將排成一直線的三個碳原子（ㄆ），都加上氫原子──

則會得到液化石油氣的成分──丙烷（C_3H_8）！

即會得到一直線的「直鏈烷類」結構，形成丁烷（C_4H_{10}）。

哼　哼！

丁烷

若第四個碳原子接於三個碳原子的中間，會形成「支鏈烷類」（ㄊ）。

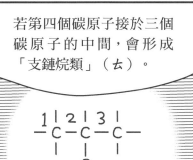

而支鏈烷類形成的有機化合物是「2-甲基丙烷」（C_4H_{10}）！

2-甲基丙烷

這兩種有機化合物的結構異構物，有什麼關係嗎？

有！以人類為例，男生宿舍如果突然搬來女性住戶，當然會發生意外⋯⋯

你別再亂講話了！

好啦！不過，碳原子的數量增加，的確會使分枝出來的結構異構物種類，迅速增加。

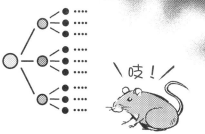

吱！

此外，如果後來增加的原子是有兩隻手的氧——

即會得到兩種不同形式的結構異構物——乙醇與甲醚。

$$-\overset{|}{\underset{|}{C}}-O-\overset{2}{\underset{|}{C}}- \qquad -\overset{2}{\underset{|}{C}}-\overset{1}{\underset{|}{C}}-O-$$

（ㄇ）　　　　（ㄈ）

雖然這兩者的分子式都是 C_2H_6O——

乙醇

甲醚

但乙醇是酒的主要成分，甲醚則是氣膠式噴霧器的氣體成分之一，這兩個結構異構物的性質差異很大。

喂……那些道具到底是從哪裡拿來的啊？

不要追究這些細節啦！我是有機俠，肩負推廣有機化學教學的任務，當然要想辦法準備道具啊！

你懂我吧！懂吧？

幹嘛啦！很痛耶！

很痛吧……我的
力道很強吧？

嗯？

有機化合物也是由強力的
鍵結所組成的，鍵結的種
類不同，會形成不一樣的
結構異構物！

用兩隻手鍵結碳原子，即是「雙鍵」；
用三隻手鍵結，則是「三鍵」。手越多
鍵結力越強！

烯類		炔類

結構異構物

雙鍵　1 2 3 4　三鍵

$-C-C-C=C-$　$-C-C-C-C-$　$-C-C-C\equiv C-$

$-C-C=C-C-$　　　　　　$-C-C\equiv C-C-$

結構異構物

碳氫化合物的雙鍵與三鍵，鍵
結的位置不同，也會產生不同
的結構異構物。

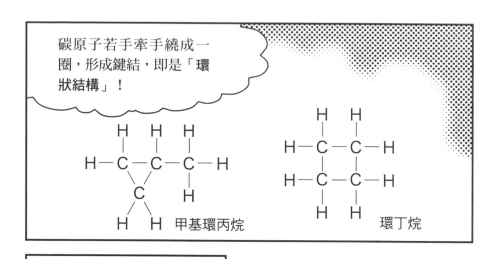

碳原子若手牽手繞成一圈，形成鍵結，即是「環狀結構」！

甲基環丙烷

環丁烷

舉例來說，上圖兩者的分子式都是 C_4H_8，但甲基環丙烷有三個碳原子所組成的「三員環」。

環丁烷則有四個碳原子所組成的「四員環」，兩者屬於結構異構物。

3.2　分子的平面結構與性質（立體結構）

原來如此……
原子可用許多方式鍵結呢。

但是必須有改變鍵結的機會，才可形成異構物⋯⋯

等等⋯⋯應該還有其他形成異構物的方式。

好像叫「立體異構物」⋯⋯

嗯⋯⋯
這個有點複雜啊⋯⋯

加油！

GO！GO！
LET'S GO！

那是我們學校的啦啦隊社團。

真有精神啊！

就是這個！快躲起來！加賀同學！

看那邊！與那兩位隊員一樣，左右對稱，原子排列位置相同的形式，稱為「順式（*Cis*）」！

『Cis』

而與這兩位隊員一樣，左右不對稱，原子排列位置相反的形式，稱為「反式（*Trans*）」！

『Trans』

這種異構物稱為「幾何異構物」，或稱「順反異構物」！

她們看起來確實是立體的結構啦……

偷看不會被抓吧……

指！

你要記住！有機分子建立於三維空間。

GO! GO!

另外，幾何異構物並非來自於不同的原子鍵結方式，而是來自於原子或原子團的空間配置差異。

因此空間配置不一樣，會產生不同的立體異構物！

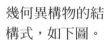

幾何異構物的結構式，如下圖。

$$
\begin{array}{cc}
H & H \\
C=C \\
H_3C & CH_3
\end{array}
\qquad
\begin{array}{cc}
H & CH_3 \\
C=C \\
H_3C & H
\end{array}
$$

$$
\begin{array}{cc}
H & H \\
C=C \\
Br & Cl
\end{array}
\qquad
\begin{array}{cc}
H & Cl \\
C=C \\
Br & H
\end{array}
$$

順式	反式

怎麼樣！我這樣解釋，你很容易理解吧！

我們從一般的跟蹤狂，晉級成偷窺狂了……

3.3 分子的立體結構、分子的鏡像世界（鏡像異構物）

我大概知道什麼是幾何異構物了。

嗯，不愧是打從心底愛好女色的加賀同學！繼續保持吧！

我們打鐵趁熱……

來學習「鏡像異構物」！

你說鏡像……欸！那些是垃圾喔。

偷偷

摸摸

空罐、寶特瓶、空瓶、紙屑……

用這五種完全不一樣的物體，

咚！

咚！

接著……
咚！
咚！
咚！

喀啦

最後再加工，咚！

喂⋯⋯有機俠！大家都聚過來了⋯⋯

沒關係！把我當作街頭魔術師吧！

騷動⋯騷動⋯

怎麼啦？ 怎麼啦？

哇！

砰！！

喔一！

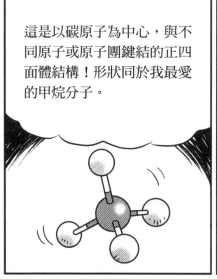

這是以碳原子為中心，與不同原子或原子團鍵結的正四面體結構！形狀同於我最愛的甲烷分子。

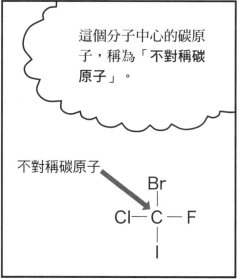

這個分子中心的碳原子，稱為「不對稱碳原子」。

不對稱碳原子

$$Cl - \underset{\underset{I}{|}}{\overset{\overset{Br}{|}}{C}} - F$$

這個分子在鏡中的影像，就是「鏡像異構物」！

四個原子都不相同，所以鏡中的影像都不同！

咦？結構式的寫法好像和平常不一樣耶？

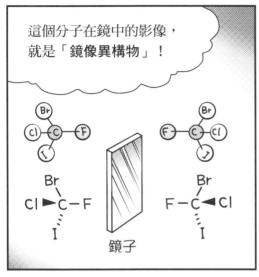

鏡子

下圖是利用虛線楔形與實心楔形表示的立體結構。

假定 F、C、Br 位於分子平面上，即是假定這三個原子位於紙面上，其實這分子是立體結構。

表示化學鍵結穿出紙面

表示化學鍵結遠離紙面

虛線楔形表示鍵結「往外」延伸穿出紙面，實心楔形表示鍵結「往內」延伸遠離紙面。

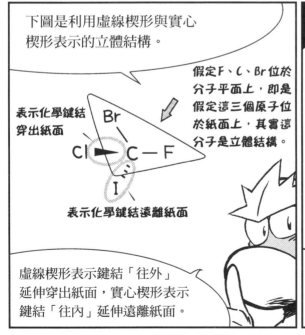

注意！

鏡像異構物的結構與形狀都同於原本的分子，但觀察它們的立體結構，便能發現鍵結的方向不一樣，無法將兩者重合。

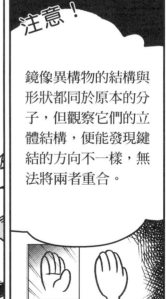

鏡像異構物因為只有鍵結方向不同，所以熔點、沸點、一般化學反應的難易度等特性，幾乎相同。

幾乎相同？意思是說，還有一點不同囉？

對，那就是「光的性質」！

若射入鏡像異構物的光線是偏振光，鏡像異構物會改變偏振面的方向※。

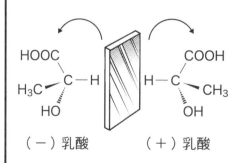

成對的鏡像異構物會使偏振面往相反方向旋轉！

HOOC
H₃C — C — H
HO

H — C — CH₃
COOH
OH

（－）乳酸　　　（＋）乳酸

因此鏡像異構物又稱為「**光學異構物**」，將偏振面往右旋轉的異構物以＋表示，往左旋轉的異構物則以－表示。

分子會改變光的偏振方向……

沒錯！

※光具有波動性，自然光在任何方向上的振動能量都相同，但自然光射入某些晶片內部，會沿著某個主軸振動，方向垂直於此主軸的振動都會被晶片吸收，只留下振動方向平行於主軸的「偏振光」。而主軸所在的平面，即為偏振面。

連原子都能做出這麼多變化……可見不是做不做得到的問題，而是想不想做呀……

嗯？怎麼啦？加賀同學。

……

我居然從沒有「心」的原子身上，學到這個道理。

真是個傻瓜呢！

「心」是由原子鍵結而成的，人類也是這些化合物的產物吧？

有機化學真的很值得學習。

有機化學給了我勇氣……

握拳

希美同學……
我去看希美同學
下課了沒！

嘩嘩

呵呵呵……
年輕人的熱情
就像直鏈烷類
般直接！

喂！奇怪的魔術大叔！
快變下一個魔術吧！

對啊！
對啊！

發射！

嗙

下一個
……

你說誰是大叔！我用地球人的年齡來算，才三十六歲耶！

那就是大叔呀！啊啊啊啊！

沒錯……一直在遠處守護著她，並不會改變什麼！

我至少要製造相識的機會……

我必須先從改變「自己」開始，這是原子教我的！

啊！希美同學……

咦？你是高中的時候，曾加入網球社的同學吧？

嗯……是的！

果然！你看起來就像會打網球的樣子。

既然如此，你要不要加入我們的網球俱樂部啊！聽起來很棒吧！

至少來參加下禮拜的迎新會吧！

意……意想不到的……

鏘——一——！

異構物出現了！

深入了解

● 分子式、結構式的寫法與解讀

化學式將元素符號寫成式子，以表示分子的組成。化學式有好幾種寫法，可達到各種目的。下表以乙烷、乙醇、環己烷等化合物為例。

❖ 表 3.1　各種化學式的寫法（分子組成的標記方式）

	乙烷	乙醇	環己烷
分子式	C_2H_6	C_2H_6O	C_6H_{12}
實驗式	CH_3	C_2H_6O	CH_2
示性式	CH_3CH_3	（ㄅ）C_2H_5OH （ㄆ）CH_3CH_2OH	
結構式	（ㄅ）H–C–C–H（結構圖） （ㄆ）——	（ㄅ）H–C–C–O–H（結構圖） （ㄆ）⟋⟍OH	（六邊形結構圖）

要描述分子的基本結構，必需知道構成分子的元素種類與個數，分子式提供了這些資訊，亦即，分子式可以告訴我們化合物的基本資料。其中，分子各種組成元素的比例特別重要，而實驗式即是元素比例的表示法。例如，乙烷的分子式C_2H_6，代表一個乙烷分子是由兩個碳原子與六個氫原子所組成，碳和氫的比例是 1:3，因此實驗式是CH_3。乙醇、環己烷這兩個化合物的分子式與實驗已列於表 3.1，請參考。

另外，乙醇有一個稱為羥基（OH）的官能基。分子的官能基會影響性質，而將官能基寫出來的表示法，稱作示性式，舉例來說，乙醇有兩種示性式的寫法，可表示乙醇的碳氫骨架。若要完整表示分子的結構，則要使用結構式。結構式能夠表示分子的結構，以及各組成原子的鍵結方式。為了明確說明有機化合物的分子結構，有機化合物通常都表示成結構式，但是如果分

子過大，結構式會變得很複雜。因此，有些結構式會省略碳原子的C與氫原子的H，僅以線段表示碳原子和碳原子的鍵結，表 3.1 的結構式（ㄆ）即是此形式加上官能基的表示法。複雜的分子會同時使用結構式和示性式等，來表示分子結構。

⬡ *E, Z*命名法

　　雙鍵所形成的幾何異構物（立體異構物），可分為順式（*Cis*）和反式（*Trans*）兩種（參照第 74 頁）。然而，如圖 3.1，雙鍵旁的位置都鍵結不同的原子或原子團，即無法單純歸類為順式和反式。請看圖 3.1 右部的化合物，對甲基（H_3C）來說，Br（溴原子）是反式，而Cl（氯原子）是順式。用這種表示法，必須指定一個原子或原子團，使人特別注意，再定義它的立體結構。擁有許多雙鍵的化合物立體結構表示法相當複雜，因此 IUPAC（國際純粹與應用化學聯合會）制定「*E, Z*命名法」，以較簡單的形式為幾何異構物命名。目前一般人仍習慣使用順式與反式等名稱，正式名稱則使用 *E, Z* 命名法，然而 *E, Z* 命名法是什麼呢？請看圖 3.1，我們先將雙鍵的兩側表示成 X 和 Y，以突顯結構的差異，接著為X、Y內的原子與原子團依大小排序。如果原子序較大的原子與原子團在雙鍵的同一側，便命名為Z；在雙鍵的不同側，則命名為*E*。

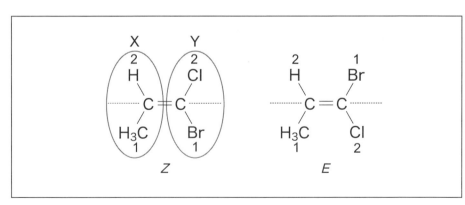

❖圖 3.1　幾何異構物的立體結構表示法（一）

決定原子與原子團順序的步驟（序列法則）

　　依照下列的步驟（1）和（2），即可決定原子與原子團的順序。先看步驟（1）能不能決定順序，若無法決定順序，再利用步驟（2）來決定。
　　（1）　原子序較大的原子，排在前面。
　　（2）　若兩個原子的原子序相同，請比較與兩者鍵結的原子，原子序較大者，排在前面。
　　參照上述規則，即可排出適當的順序。

　　根據上述規則，比較圖 3.1 碳原子 C 與氫原子 H 的原子序（C 的順序為 1，H 的順序為 2），可得到 Cl 的順序為 2，Br 的順序為 1。若順序較前面的 C 和 Br 位於同一側（如圖 3.1 左部的化合物）即命名為 Z，若位於不同側（如圖 3.1 右部的化合物）則命名為 E。此外，以圖 3.2 為例，X 可以用步驟（1）決定順序；但 Y 的兩邊都是 C，無法馬上看出順序，需使用步驟（2）來判斷，其中一邊的 C、兩個 H 與一個 Cl 鍵結，另一邊的 C、兩個 H 與一個 Br 鍵結，必須比較 Cl 和 Br 的原子序，以決定順序。因此，如圖 3.2 所示，這個化合物的立體結構為 Z 配置。

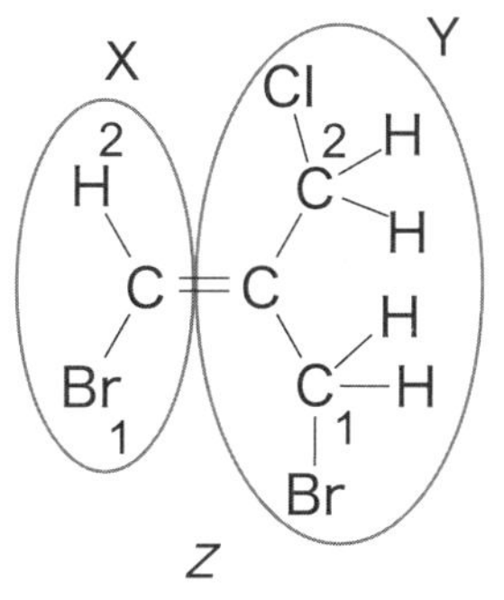

❖ 圖 3.2　幾何異構物的立體結構表示法（二）

立體異構物的各種表現方式

　　甲烷的結構式如圖 3.3 的（ㄅ），然而甲烷分子實際的結構其實是圖 3.4 的正四面體結構，為了呈現這樣的立體結構，一般用圖 3.3 的（ㄆ）來表示，稱為楔形表示法，請看圖 3.5 的詳細說明。這種表示法常用於說明有機化合物的反應機制。

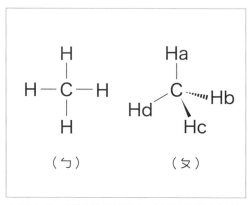

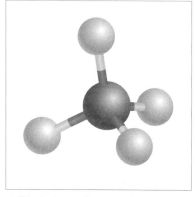

❖ 圖 3.3　甲烷的平面圖，以及楔形表示法的立體結構圖

❖ 圖 3.4　甲烷分子的正四面體結構

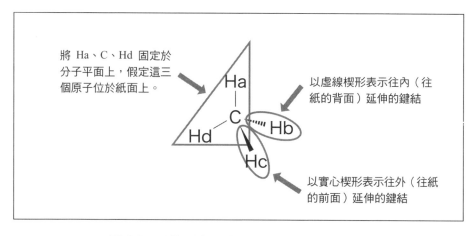

將 Ha、C、Hd 固定於分子平面上，假定這三個原子位於紙面上。

以虛線楔形表示往內（往紙的背面）延伸的鍵結

以實心楔形表示往外（往紙的前面）延伸的鍵結

❖ 圖 3.5　以楔形表示法，展現分子的立體結構

● *R, S*命名法

擁有不對稱碳原子的化合物，與它的鏡像化合物互為異構物，亦即互為鏡像異構物，但這兩個立體結構的旋光度是＋或－（旋光是指「使光的偏振面旋轉」的性質，使偏振面往右旋轉記為「＋」，往左記為「－」），並無固定規律，而是受各鏡像異構物的物理性質影響。與偏振面方向一致的光（偏振光）通過鏡像異構物的分子，會往特定方向旋轉，而旋光度即是旋轉的角度。若偏振光往右旋轉，則稱此分子具有右旋性，以＋表示角度；若偏振光往左旋轉，則稱此分子具有左旋性，以－表示角度。由於鏡像異構物的兩種分子有不同的旋光性質，故亦稱作光學異構物。但是互為光學異構物的分子，立體結構不一定互為鏡像，也就是說，鏡像異構物只是光學異構物的一種。此外，旋光度亦無法用分子的立體結構來推測，如此一來，鏡像異構物該如何命名呢？*R, S*命名法的誕生，便是為了解決這個問題。

圖 3.6 可說明 *R, S* 命名法。首先，將與不對稱碳原子鍵結的原子（或原子團）排序，排序的方式與 *E, Z* 命名法的步驟相同，從原子序最大的原子開始排。把順序排出來便可得到圖 3.6 右部的表，再將順序最後的原子（此例為氟原子F），轉到遠離眼睛的方向，如圖 3.6 的左部，讓眼睛觀看分子的方向與箭號相同。如此一來，便能得到圖 3.6 左下方的示意圖。接著，依據另外三個原子（或原子團）的順序，觀察原子排列的方向。若原子排列方向為往右旋轉，分子的立體結構則為 *R* 配置；若往左旋轉，分子的立體結構則為 *S* 配置。依照此規則，便能定義具有不對稱碳原子的分子立體結構。

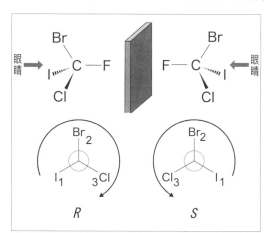

元素符號	原子序
F	9
Cl	17
Br	35
I	53

❖ 圖 3.6　具有不對稱碳原子的分子立體結構定義方式：*R, S* 命名法

兩個互為鏡像異構物的分子，由各個分子的相互作用所決定的物理性質（例如沸點），以及一般的化學反應性質，基本上不會有太大差異，這一點易使人誤以為鏡像異構物的化學性質無足輕重，但其實它對生物體來說是相當重要的。如附錄「構成生物體的有機化學」所示（第 183 頁），構成生物體蛋白質的二十種 α-胺基酸中，有十九種胺基酸皆具有不對稱碳原子，亦即十九種胺基酸皆有鏡像異構物，而生物體只需要兩個鏡像異構物的其中之一，自然界只用鏡像異構物的其中一種胺基酸來合成蛋白質，進行維持生命的活動。由此可知，鏡像異構物掌握了生命活動的關鍵。

⬢ 立體構形

1. 鏈狀烷類的立體構形

具有 C=C 雙鍵的化合物（烯類）可能會有順式與反式的幾何異構物（稱為順反異構物）。由於碳和碳以雙鍵鍵結，要旋轉這個鍵結，需有足夠的能量打斷雙鍵的 π 鍵，亦即兩個異構物具有難以跨越的能量障礙（旋轉能障，rotation barrier），因此在室溫下，會保持穩定狀態，兩個異構物不會改變結構，互相變來變去。

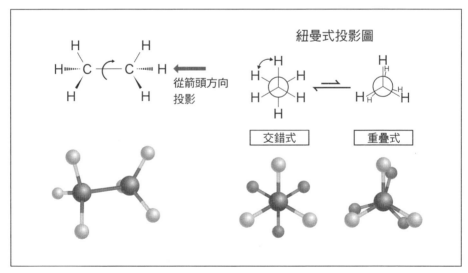

❖ 圖 3.7　乙烷分子的立體構形

但C-C單鍵不一樣，無論怎麼旋轉，也不會影響重疊的電子軌域（鍵結部位），不像幾何異構物一樣擁有能量障礙而難以旋轉結構。換句話說，在室溫下，C-C單鍵能夠任意轉動，可以自由旋轉，但是不同角度的結構，仍有微小的能量差異，所以會產生數種構形異構物※。下文以乙烯為例，說明這個現象。

如圖 3.7，從箭頭的方向看乙烷分子，所投影出來的圖稱為紐曼式投影圖。圖中，近處的碳原子以點表示，遠處的碳原子以圓圈表示，由圖可知，與這兩個碳原子鍵結的氫原子，彼此的相對位置有數種可能。其中，較典型的形式包括交錯式與重疊式。在重疊式的狀態下，接於不同碳原子的各個氫原子相距較近，比較擁擠，比交錯式不安定。這種結構差異稱作「立體構形差異」，不同於各種幾何異構物的立體結構（配置）差異。

※非鏡像異構物分為順反異構物與構形異構物。構形異構物可旋轉化學鍵結，使異構物互相轉換；順反異構物則不能旋轉化學鍵結。

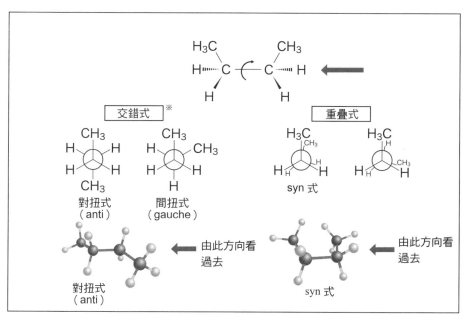

❖ 圖 3.8　丁烷分子的立體構形

※由紐曼式投影圖可知，交錯式的兩個CH₃，位置關係可分兩種：相差 60°稱作間扭式（gauche）；相差 180°稱作對扭式（anti）。

將乙烷的兩個氫置換成甲基，即為丁烷，如圖 3.8。此立體構形是典型的構形異構物。丁烷的交錯式與重疊式各有兩種構形異構物。當CH₃與CH₃互相重疊，在三維空間中會產生相當大的排斥力，比其他異構物不安定，而大原子團互相重疊，會使C-C單鍵難以旋轉，相較於乙烷，丁烷的構形異構物之間具有較大的能量差，可想而知，若置換後，原子團越來越大，C-C單鍵的旋轉便會越來越受限制，因此即使處於室溫，構形異構物仍可能安定地保持自己的結構，不過這種情況十分少見，一般認為C-C單鍵是可以自由旋轉的。

2. 環己烷的立體構形

立體構形在環狀碳氫化合物的結構中，扮演著重要角色。環己烷是由六個碳原子構成的立體構形異構物，如圖 3.9。環己烷維持碳原子的正四面體結構，可分為椅式和船式兩種構形。

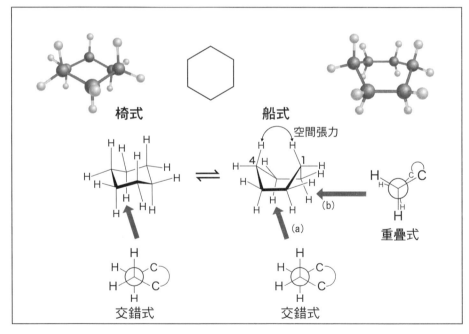

❖ 圖 3.9　環己烷分子的立體構形

椅式和船式構形，哪一個比較安定呢？為了回答這個問題，請先由圖 3.9 的箭頭方向，看紐曼式投影圖。椅式構形的所有 C－C 鍵結皆為交錯式，而船式構形則有些鍵結是重疊式。而且船式構形接於第一與第四個碳原子的兩個氫原子靠得很近（稱作旗杆氫），如圖 3.9。這兩個氫原子會產生空間張力（互相排斥），因此船式構形比椅式構形不安定。環己烷分子最安定的構形為椅式構形。

　　與立體結構（配置）相比，立體構形的異構物之間，能量差十分微小，卻在有機化學反應中，扮演重要的角色（詳見第 5 章）。

立體結構會改變物質的氣味

　　本章說明與有機化合物結構相關的知識。雖然我們無法直接觀察分子的形狀，但仍可用間接的方式，得知某些分子的形狀必定有所差異，例如物質的氣味。形容氣味的語詞主要有香味、臭味等。香味可以形容花香、柑橘類香氣等；臭味則用來形容讓人退避三舍的氣味。

　　人類究竟以什麼方式聞到氣味呢？首先，必須有產生氣味的有機分子，接著氣味分子接觸到鼻腔的氣味受體，訊息再經由神經傳到大腦，人們才可感受到氣味。重要的是，氣味必需經大腦判斷才能讓人感受到，因此人們對於同樣氣味，可能會有不同的好惡，當然，有些氣味每個人都喜歡，有些則使每個人都不舒服。聞到氣味的過程，其實經過一連串精巧的步驟。下文以多數人都有同感的氣味為例。

　　走過草坪可以聞到草的氣味，這個氣味由什麼產生呢？草的味道包含大量的香氣物質，與這個氣味相關的眾多化合物中，有種物質特別重要，稱為葉醇。葉醇是鏈狀不飽和有機化合物，是結構較簡單的有機化合物，IUPAC 稱之為 *Cis*-3-己烯醇，是由六個碳原子組成的鏈狀醇類，有一個雙鍵，因此具有幾何異構物——*Trans*-3-己烯醇。*Trans*-3-己烯醇有脂肪的氣味，與 *Cis* 分子的氣味不同。由下圖可知，這兩個化合物的立體結構差異極大。可見即使是那麼小的分子結構，人類的嗅覺都有辦法區別。還有許多分子的結構差異，我們都能用嗅覺分辨喔。

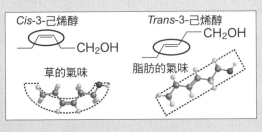

❖ 圖　*Cis*-3-己烯醇散發草的氣味，幾何異構物為 *Trans*-3-己烯醇

第 4 章

有機化合物的性質

孤挺花
公寓

怎麼啦，加賀同學？
你看起來真沒精神！

唉……

哈哈哈 哈哈哈

當然！因為那些事都與我無關啊！

有機俠真是悠閒，不管發生什麼事，都笑得出來。

呵呵呵……

希美同學……如果草率地加入那些輕浮男子的俱樂部……我……

啊……真叫人擔心……

什麼嘛！你之前不是鼓起勇氣衝去告白嗎？

我當時還以為這部漫畫要就此落幕呢！

現在的你確實是個沒有勇氣、沒有毅力的廢物。

站起

不過，我認為加賀同學和希美同學，擁有意想不到的共通點。

什麼？你這句話是什麼意思——

哈哈哈……這些事待會再慢慢談！

接下來……我們繼續之前的課程吧。

有機化合物有無限多種，而且具有「性質」差異！

請看我手上的水和油。

某些有機化合物可以溶於水，某些則可溶於油。

水

油

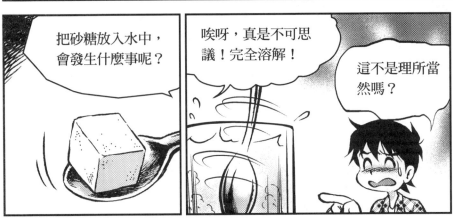

把砂糖放入水中，會發生什麼事呢？

唉呀，真是不可思議！完全溶解！

這不是理所當然嗎？

沒錯！有機化學就是在研究「理所當然」的事！

把砂糖放入油，會如何呢？

這個嘛……雖然我從來沒想過這個問題，但應該不會溶解吧？

讚！

YES!!

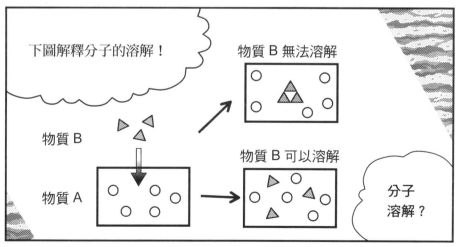

下圖解釋分子的溶解！

物質 B 無法溶解

物質 B

物質 A

物質 B 可以溶解

分子溶解？

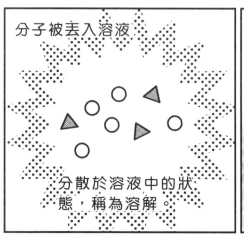

分子被丟入溶液

分散於溶液中的狀態，稱為溶解。

砂糖的分子在油中，不會分散，所以……

堅固

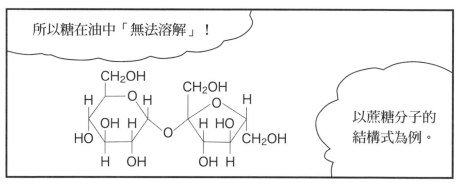

所以糖在油中「無法溶解」！

以蔗糖分子的結構式為例。

仔細看，這個分子有許多「O-H」官能基（羥基）吧？

啊，真的耶！

加賀同學，「水」的化學式是什麼呢？

嗯？是「H_2O」吧？

沒錯！水分子和羥基一樣，由氫原子和氧原子所組成。

H_2O

簡單來說，糖的分子結構與水分子很相近，因此易溶於水。

溶 解～～

糖

易溶於水的性質，稱作「**親水性**」。

反之，某些有機化合物難以溶於水，一如「油水不相溶」的道理。

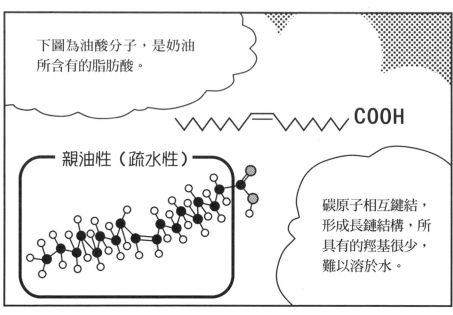

下圖為油酸分子，是奶油所含有的脂肪酸。

親油性（疏水性）

COOH

碳原子相互鍵結，形成長鏈結構，所具有的羥基很少，難以溶於水。

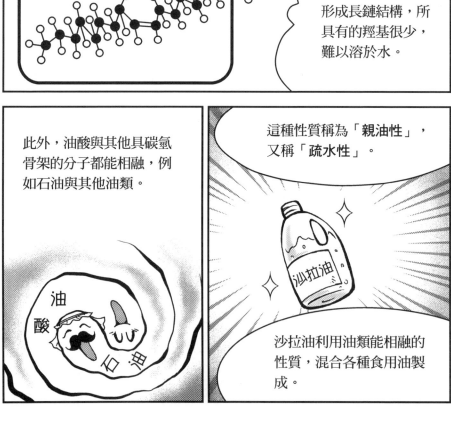

此外，油酸與其他具碳氫骨架的分子都能相融，例如石油與其他油類。

油酸

石油

這種性質稱為「親油性」，又稱「疏水性」。

沙拉油

沙拉油利用油類能相融的性質，混合各種食用油製成。

其實油酸分子也有羥基。

許多有機化合物同時具備親水性與親油性……

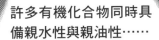

分子內部的各種「作用力」決定化合物的性質。

比較不同碳數的醇類，由它們的性質可知，作用力的差異。

醇類	化學式	溶解度※
乙醇	C_2H_5OH	易溶解
丙醇	$n-C_3H_7OH$	易溶解
丁醇	$n-C_4H_9OH$	8g
戊醇	$n-C_5H_{11}OH$	2g

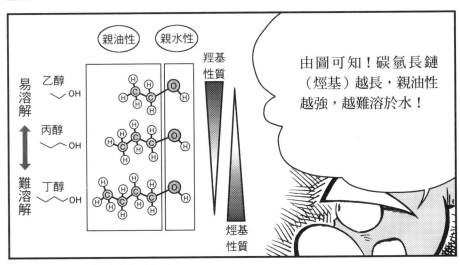

由圖可知！碳氫長鏈（烴基）越長，親油性越強，越難溶於水！

※ 100g 的水能夠溶解的溶質，以 g 表示。

我記得糖的分子結構，應該含有碳氫骨架吧？

沒錯，但是羥基的「數量」更多！

分子內部各組成原子與官能基的數量（作用力）差異，會決定有機化合物的主要性質！

嗯……意思是指「寡不敵眾」吧……

三人組

哼！

OROT OROT OROT OROT OROT ～

打滾打滾打滾……

4.2 影響沸點的原因
（分子的交互作用・極性鍵結）

哈～～

撲通～

希美同學……

那三個人是學長，而且比我帥多了……

唉……你的「性質」是「沒自信」呢！

哇！為什麼有機俠在這裡……

因為地球的能源有限，要節約使用啊！節能！節能！

刷
刷

我來說明有機化合物的「沸點」和「熔點」吧！

冰塊溶化成水，再變成水蒸氣，

就是物質的「三相變化」。

這是連小學生都知道的常識，你應該還記得吧？

為什麼會出現這些變化呢？

因為分子的改變，使物質產生了變化。

分子密度的改變來自於分子相互吸引的「**分子間作用力**」（簡稱分子間力），所造成的「**分子間交互作用**」。

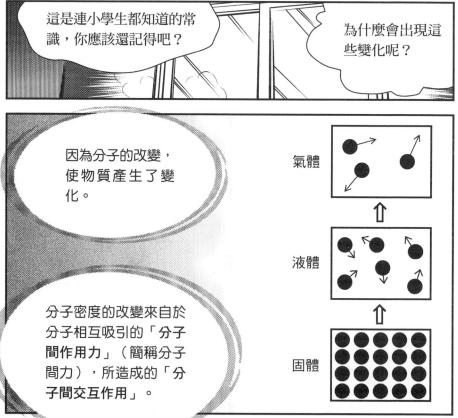

氣體

液體

固體

物質會因為分子間作用力，變成固體。

堅固！

喔喔喔喔……

將物質加熱，各分子會遠離彼此……

嗚

啊！

使每個分子都得到動能，掙脫分子間作用力的束縛，轉變成液體或氣體。

沸騰

沸騰

從固體變成液體的溫度，稱為「熔點」，從液體變成氣體的溫度，稱為「沸點」。

咦？分子的狀態變化有規則啊……

沒錯，分子間作用力的差異，會使各種物質具有不同的沸點和熔點。

有機化合物可以分成「**極性分子**」與「**非極性分子**」。極性分子內部的電子有部分偏離；非極性分子則幾乎沒有電子偏離。※

※非金屬元素與非金屬元素會以共價鍵結合，大多數的共價鍵皆以共用電子的方式，使每個原子都成為安定的八隅體（原子的最外層皆有八個電子），但是有時原子吸引電子的能力不同，會使電子較偏向某個原子，而非位於兩個原子的正中間，有這種「極化」現象的分子，即為「極性分子」。

極性分子之間會藉由電荷相互吸引，形成稱作「**靜電力（庫侖力）**」的分子間作用力。

極性分子

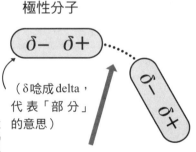

（δ唸成 delta，代表「部分」的意思）

靜電力（庫侖力）

凡得瓦華爾茲！

非極性分子之間雖然沒有靜電力，卻有「凡得瓦力」。

凡得瓦力雖然比靜電力弱，

啊達！

卻是決定熔點與沸點的重要因素。

這麼說來，有機化合物是各個原子藉由共用電子，結合在一起吧？

沒錯！
說得好啊，
加賀同學！

啪！

你全身裸體，
不要在我面前
站起來啊！

兩個相同種類的原子，會平均地共用電子，不產生極化現象……

但不同種類的原子鍵結，電子可能會被其中一個原子拉走。

這種性質稱為「極性」。

為什麼會有這種性質呢？

因為有些原子較容易吸引電子，有些則不容易吸引電子。

化學家鮑林稱這種性質為「電負度」，以數值表示。

週期	1 族	2 族	13 族	14 族	15 族	16 族	17 族	18 族
1	H 2.1							He
2	Li 1.0	Be 1.6	B 2.0	C 2.5	N 3.0	O 3.5	F 4.0	Ne
3	Na 0.9	Mg 1.2	Al 1.5	Si 1.8	P 2.1	S 2.5	Cl 3.0	Ar

週期表的元素，越靠右上角，電負度越高。

舉個實際的例子說明……

極化的鍵結

如左圖，碳原子和氯原子的單鍵，碳原子的電負度是 2.5，氯原子是 3.0。

表面上只差 0.5，但這對電負度來說，是相當大的差異。

因此氯原子對鍵結電子有強烈的吸引力──

BAR

無限暢飲（60 分鐘）

只要 3000 元！

電子處於不平衡的狀態，會偏向其中一邊。

唔

啾～

使兩個原子帶有不同的電性（＋和－），稱為極化。

＋

－

正

負

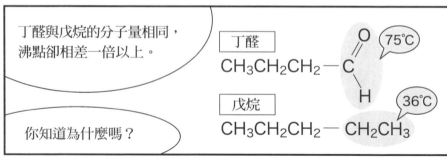

丁醛與戊烷的分子量相同，沸點卻相差一倍以上。

你知道為什麼嗎？

丁醛

$CH_3CH_2CH_2 - C$ ⟨O H⟩ 75℃

戊烷

$CH_3CH_2CH_2 - CH_2CH_3$ 36℃

啊！丁醛是極性分子吧？

C=O雙鍵的氧原子極化成δ-，碳原子則極化成δ+，分子靠靜電力相互吸引！

好窄

要把這種分子間作用力拉開，需要強大的力量和熱能！

嗚喔啊啊

極性分子因靜電力所產生的分子間作用力，相當強大！

因此極性分子的沸點較高。

嚴 密 防 禦

而且因為固態分子緊密地靠在一起，所以溶解的難易度和分子排列的緊密程度，有很大的關係。

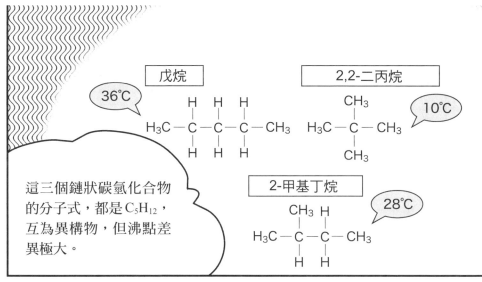

戊烷

36℃

$$H_3C - \overset{\overset{\displaystyle H}{|}}{\underset{\underset{\displaystyle H}{|}}{C}} - \overset{\overset{\displaystyle H}{|}}{\underset{\underset{\displaystyle H}{|}}{C}} - \overset{\overset{\displaystyle H}{|}}{\underset{\underset{\displaystyle H}{|}}{C}} - CH_3$$

2,2-二丙烷

10℃

$$H_3C - \overset{\overset{\displaystyle CH_3}{|}}{\underset{\underset{\displaystyle CH_3}{|}}{C}} - CH_3$$

這三個鏈狀碳氫化合物的分子式，都是 C_5H_{12}，互為異構物，但沸點差異極大。

2-甲基丁烷

28℃

$$H_3C - \overset{\overset{\displaystyle CH_3}{|}}{\underset{\underset{\displaystyle H}{|}}{C}} - \overset{\overset{\displaystyle H}{|}}{\underset{\underset{\displaystyle H}{|}}{C}} - CH_3$$

這些分子看起來並不特別，而且都是非極性分子。

戴上

它們的沸點差異，來自分子間作用力——凡得瓦力，以及分子結構的差異……

刷 刷

你看！

戊烷　　2-甲基丁烷　　2,2-二甲基丙烷

由分子模型可看出結構的差異吧！

碎

！

原子核帶正電,周圍環繞著帶負電的電子。

因此,兩個原子需保持一定的距離。

原子之間能靠最近的距離,稱作「凡得瓦半徑」。

請看下圖的分子模型!
注意球狀的 2,2-二甲基丙烷!

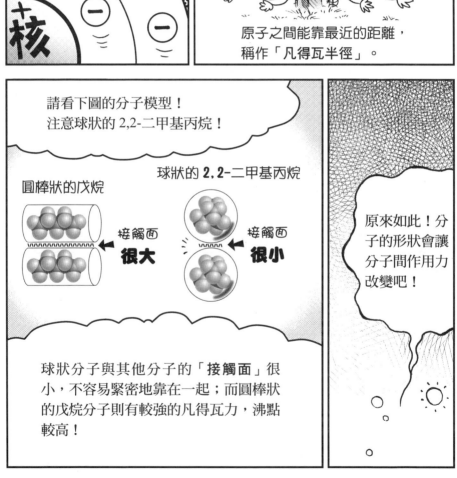

圓棒狀的戊烷

球狀的 **2,2-二甲基丙烷**

接觸面 **很大**

接觸面 **很小**

球狀分子與其他分子的「**接觸面**」很小,不容易緊密地靠在一起;而圓棒狀的戊烷分子則有較強的凡得瓦力,沸點較高!

原來如此!分子的形狀會讓分子間作用力改變吧!

此外，「氫鍵」也屬於分子間作用力。

氫原子要和電負度大的氧原子或氮原子鍵結，附近若有其他氧原子或氮原子，氫原子會被吸引過去——

氫鍵所產生的吸引力比凡得瓦力大許多！

氫鍵

$\delta-$ $\delta+$

$-C-O-H$ $\delta-$ $O-$

孤對電子

氫鍵

$\delta-$ $\delta+$

$-C-N-H$ N $\delta-$

孤對電子

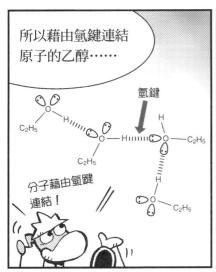

所以藉由氫鍵連結原子的乙醇⋯⋯

氫鍵

C_2H_5 O-H

O-H······O-C_2H_5

C_2H_5

H

O-C_2H_5

分子藉由氫鍵連結！

沸點大大高於分子量幾乎相同的碳氫化合物。

```
  H  H  H
  |  |  |
H-C--C--C-H
  |  |  |
  H  H  H
```

丙烷

```
  H  H
  |  |
H-C--C-O-H
  |  |
  H  H
```

乙醇

沸點 (℃) - 42.1   **78.5**

如此說明，你大概了解分子的沸點和熔點了吧……

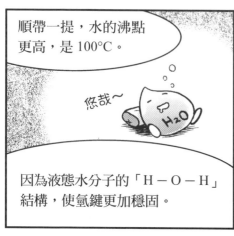

順帶一提，水的沸點更高，是 100°C。

悠哉～ H₂O

因為液態水分子的「H－O－H」結構，使氫鍵更加穩固。

嗚　嗚

哇！難怪你從剛剛開始，一直沒講話……

喂！振作一點啊！加賀同學！
要不要喝咖啡牛奶？

4.3　酸與鹼

他都發燒到快融化了，今天應該不能繼續上課吧……

唉呀……真是讓人措手不及呢……

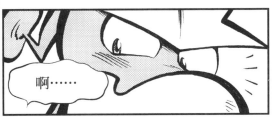

啊……

真沒面子……有機俠那麼努力地教我……

我卻展現了無能的一面……

我再不努力學習，永遠無法接近希美同學……

……

好吧！我們打鐵趁熱，繼續學習「酸與鹼」吧！

酸與鹼有許多定義方式，

定義	酸	鹼
阿瑞尼斯酸鹼定義	放出 H^+ 的分子	放出 OH^- 的分子
布忍斯特－洛瑞酸鹼定義	提供 H^+ 的分子	獲得 H^+ 的分子
路易士酸鹼定義	獲得孤對電子的分子	提供孤對電子的分子

其中，以氫離子（H^+ 離子）的供需為判斷依據的
「布忍斯特－洛瑞定義」最常見，不過——

有機化學適用以孤對電子為判斷依據的「路易士酸鹼定義」！

孤對電子？

沒錯！

下圖說明正氧離子的形成。

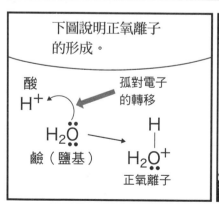

酸

孤對電子的轉移

H^+

$H_2\ddot{O}$

鹼（鹽基）

$$H_2O^+$$

H

正氧離子

不管使用哪一種定義方式，水分子都是鹼（鹽基），

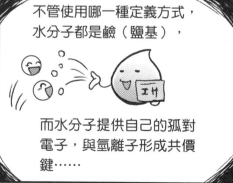

而水分子提供自己的孤對電子，與氫離子形成共價鍵……

所以獲得孤對電子的氫離子是酸，此即「路易士酸鹼定義」！

詳見第 122 頁

4.4 具正六角形結構，名為苯環的芳香族化合物

本節的標題與說明都很冗長。

我們迅速帶過吧！

某些有機化合物具有相當特殊的性質。

哦～

← 氫原子

← 碳原子

例如，外形為正六角形的苯！

性質如同苯的化合物，稱作「芳香族化合物」。

己三烯兩端的第一個碳，以及第六個碳鍵結而成的化合物，即為苯。

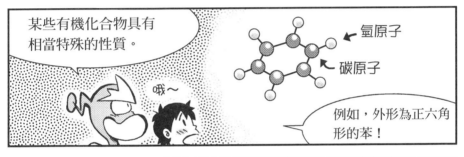

己三烯　　　　　環己三烯

芳香族化合物有許多雙鍵，平均共用 π 電子，相當安定。

哇……真棒！芳香族一定如同其名，散發著迷人香氣吧！

呵呵～

像希美同學一樣

不！雖然某些芳香族化合物是香草精的主要成分——

逼近！

但並非所有芳香族都那麼夢幻！

甚至有許多人認為苯會致癌。

嗯……有機化合物的世界，無法憑表面，任意斷定呢……

不過……這和人類一樣吧？

依憑不著邊際的想像，妄下定論的人才奇怪吧！

加賀同學還沒達到能看透一切的境界吧？

你真是嚴格啊……

因為我之前也誤解了你的本質。

咦？

因此，不管是人類，還是有機化學，我們都應該持續鑽研！

別只看表面，去確認希美同學的真心吧！

深入了解

下文將說明有機化合物的各種性質，或許較為困難，但這是有機化學的重點喔。

⬢ 酸與鹼

圖 4.1 的化學式有兩個反向的箭頭。由左邊 A+B 指向 C+D 的箭頭，代表物質 A 和物質 B 反應，生成物質 C 和物質 D；與此反向的箭頭則代表物質 C 和物質 D 反應，生成物質 A 和物質 B。圖 4.2 為這兩個反應的示意圖，溶液中，物質 A 和物質 B 會不斷地轉變成物質 C 和物質 D，而物質 C 和物質 D 也會不斷地轉變成物質 A 和物質 B。這兩個行進方向相反的反應，同時進行，直到物質 A 與物質 B 的數量（莫耳數※），以及物質 C 與物質 D 的數量（莫耳數），趨於穩定不再改變，達到物質 A、B 與物質 C、D 的平衡狀態。此反應系統稱為平衡系統；而此反應稱為平衡反應，以兩個方向相反的箭頭表示。在平衡狀態下，物質 A 與物質 B 的數量（莫耳數），以及物質 C 與物質 D 的數量（莫耳數）看起來沒什麼變化，彷彿沒有反應，但其實各個物質的數量一直在變動。

※莫耳是表示粒子數量的單位。

$$A + B \rightleftharpoons C + D$$

❖ 圖 4.1　平衡反應

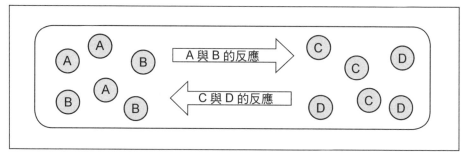

❖ 圖 4.2　物質 A、B 與物質 C、D 達到平衡的示意圖

1. 以平衡決定酸鹼

利用下面的（式 1）計算平衡常數 K，即可描述圖 4.1 的平衡反應。括號 [ ] 內為每種物質的濃度（即反應系統所包括的分子數），通常以莫耳濃度來表示。[A] 表示在這個平衡狀態下，物質 A 的莫耳濃度。此外，圖 4.1 平衡反應左側的物質，是（式 1）的分母，右側的物質則是分子。處於平衡狀態，物質 A、B 與物質 C、D 的濃度皆保持固定，但改變溫度，物質 A、B 轉變成物質 C、D 的反應量（速度），會比物質 C、D 轉變成物質 A、B 的反應量（速度）大，使物質 A、B 的濃度逐漸降低，物質 C、D 的濃度逐漸增加，經過一段時間，物質 A、B 和物質 C、D 的濃度即不再變化，而 K 值則增大。一般以「平衡系統的平衡往右移動」來描述這種改變，但改變方向也可能剛好相反。總之，只要溫度保持固定，且沒有其他物質加入平衡系統，則 K 值通常會保持固定。換句話說，K 值是取決於溫度的常數。有機化學利用這種平衡的概念，判斷物質的酸鹼性。下文以圖 4.1 的物質 A 和物質 B 為例。

（式 1）　　　$K = \dfrac{[C][D]}{[A][B]}$　　　[A] 是 A 的莫耳濃度

提到酸性物質，一般人可能會想到硫酸 H_2SO_4，而提到鹼性物質，則會想到氫氧化鈉 NaOH，兩者皆屬於無機化合物，溶於水中，可測得極強的酸性和鹼性。另外，醋酸亦是人們熟知的酸性有機化合物。醋酸的酸性程度比硫酸小很多，可用醋酸溶於水中的狀態來說明。通常，酸性無機化合物（例如硫酸）在水中，會 100% 解離，因此，H_2SO_4 狀態的分子並不存在，硫酸分子是以離子（HSO_4^-、SO_4^{2-} 與 H^+ 等）的形式，存在於溶液中（圖 4.3）。

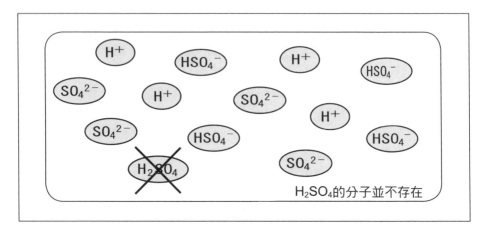

H$_2$SO$_4$的分子並不存在

❖ 圖 4.3　硫酸分子於水溶液中的狀態

　　另一方面，醋酸等的有機化合物則如圖 4.4 所示，與水分子保持平衡狀態，幾乎所有醋酸都保持分子的形式，只有少部分與水反應（此時水扮演鹼的角色，接受H$^+$），形成醋酸根離子CH$_3$COO$^-$，以及正氧離子H$_3$O$^+$，亦即，並非所有的醋酸分子都會解離成醋酸根離子。

$$\underset{\text{醋酸}}{\text{酸}} \quad \underset{\text{水}}{\text{鹼}} \qquad \underset{\text{醋酸根離子}}{\text{共軛鹼}} \quad \underset{\text{正氧離子}}{\text{共軛酸}}$$

$$\underset{\text{醋酸}}{CH_3COOH} + \underset{\text{水}}{H_2O} \rightleftharpoons \underset{\text{醋酸根離子}}{CH_3COO^-} + \underset{\text{正氧離子}}{H_3O^+}$$

❖ 圖 4.4 醋酸分子的共軛酸與共軛鹼

2. 酸解離常數

　　醋酸與水的平衡狀態，可以用（式 2）的平衡常數 K 來表示，CH$_3$COOH代表醋酸的莫耳濃度。圖 4.4 的反應越往右邊移動，平衡狀態的醋酸根離子和正氧離子濃度越高，K值會比較大。反之，如果K值很小，代表平衡往左邊移動。

$$（式2）\qquad K = \frac{[CH_3COO^-][H_3O^+]}{[CH_3COOH][H_2O]}$$

　　圖 4.4 的平衡系統是：把少量的醋酸加入水中，醋酸分子與水分子反應，產生醋酸根離子與正氧離子，並達到平衡狀態。此平衡狀態的水分子和醋酸分子比較，數量較多，亦即沒有和醋酸分子反應的水分子，比有反應的水分子多許多，使表面上看起來，此平衡系統的水分子數量沒有什麼變化。因此，可說分母的改變來自於醋酸濃度的改變。換句話說，我們可將水分子的濃度 $[H_2O]$ 視為沒有變化，並將 $[H_2O]$ 移到等式左邊，使左邊變成 $K[H_2O]$，以此來描述反應系統的平衡狀態。$K[H_2O]$ 可寫成 K_a，稱為酸解離常數，而 K 的下標 a 代表 acid（酸）。

$$（式3）\qquad K_a = K[H_2O] = \frac{[CH_3COO^-][H_3O^+]}{[CH_3COOH]}$$

$$（式4）\qquad pK_a = -\log K_a$$

　　為什麼 log 要加上負號呢？因為這種平衡系統的物質莫耳濃度(mol/L)大多很小，約為 10 的負好幾次方，所以解離常數是個極小的數值。為了方便使用，通常會用這樣的對數，將常數轉換成便於閱讀的形式（通常為正的數值）。一般我們會使用（式4）所定義的 pK_a，來描述平衡系統。

3. 布忍斯特－洛瑞酸鹼定義

　　我們先回到圖 4.4，討論醋酸的酸性程度吧！醋酸在水中呈酸性，是因為醋酸能提供水分子 H^+，且水分子能夠接受 H^+。在這種情況下，給予 H^+ 的分子稱為酸，接受 H^+ 的分子稱為鹼。醋酸沒辦法將所有分子的 H^+，都提供給水分子，僅能提供部分的 H^+，可提供的程度以 pK_a 來表示。有機化合物大多可與水

分子維持酸鹼平衡。平衡越往右移動，表示酸性越強。接著，請從圖 4.4 的平衡式右邊看回來，醋酸根離子接受正氧離子提供的 H^+，而正氧離子則提供 H^+ 給醋酸根離子。依照布忍斯特－洛瑞酸鹼定義，這個反應的醋酸根離子為鹼，正氧離子為酸（圖 4.5），而且會將酸與鹼稱為共軛鹼與共軛酸。綜上所述，有機化合物的酸鹼取決於酸性分子與鹼性分子的 H^+ 供需平衡。此外，鹼解離係數為 K_b（下標 b 代表 base，亦即鹼）。

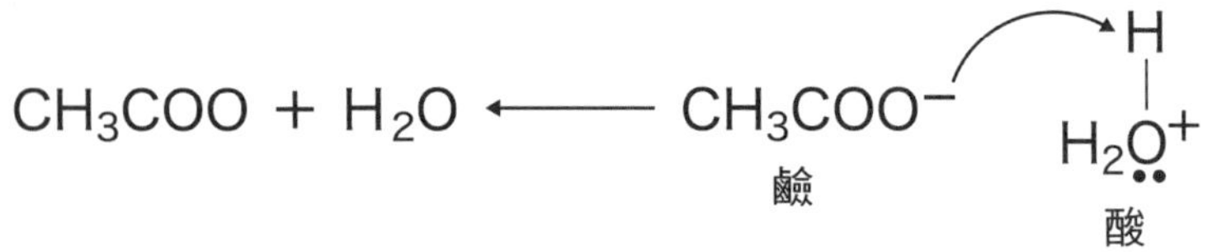

❖ 圖 4.5 鹼性與酸性的醋酸根離子、正氧離子

4. 路易士酸鹼定義

除了可用 H^+ 的供需來定義酸鹼，還可用其他方法定義酸鹼，例如路易士酸鹼定義。首先，請看圖 4.4，正氧離子的生成過程：水分子 H_2O 與氫離子 H^+ 反應，形成 H_3O^+。水分子接受 H^+，因此依據布忍斯特－洛瑞酸鹼定義，即屬於鹼。不過，水分子如何接受 H^+ 呢？如圖 4.6，H^+ 附著於水分子的氧原子孤對電子（配位），形成 H_3O^+，亦即，在新形成的 O－H 共價鍵中，水分子扮演提供電子對的角色（路易士鹼）；反之，H^+ 扮演接受電子對的角色（路易士酸）。如上述，用電子對的供需（而非 H^+ 的供需）來定義酸鹼，即是路易士酸鹼定義。依照此定義方式，布忍斯特－洛瑞酸鹼定義即可推及多種分子，定義它們的酸鹼，這是有機化學的重要概念。

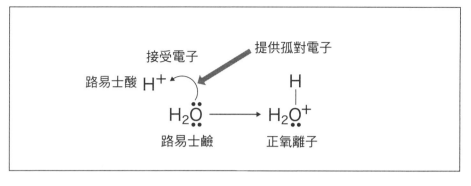

❖ 圖 4.6　定義為路易士酸鹼的氫離子與水分子

　　此外，還有其他廣為人知的酸鹼定義方式。初學者使用的定義是阿瑞尼斯酸鹼定義。阿瑞尼斯與布忍斯特－洛瑞酸鹼定義相同，不過它將釋放 OH⁻ 的分子定義為鹼（表 4.1）。上述方法提到的酸鹼都是成對的，而分子會放出 OH⁻，是因為 OH⁻ 容易接受 H⁺ 而離開原本的分子，所以這些定義方法都奠基於布忍斯特－洛瑞酸鹼定義，因此下文以布忍斯特－洛瑞酸鹼定義，以及路易士酸鹼定義為主。

❖ 表 4.1　各種酸鹼定義

定義	酸	鹼
阿瑞尼斯酸鹼定義	釋放 H⁺ 的分子	釋放 OH⁻ 的分子
布忍斯特－洛瑞酸鹼定義	提供 H⁺ 的分子	獲得 H⁺ 的分子
路易士酸鹼定義	獲得孤對電子的分子	提供孤對電子的分子

苯的結構

　　己三烯有三個雙鍵，三者中間隔一個單鍵，形成共軛。如圖 4.7 所示，苯由己三烯末端的第一個碳，以及第六個碳鍵結而成。雙鍵的 π 電子可利用環狀結構自由移動，使六個碳平均共用這些電子。這種現象不只是單純的共軛結構，還會形成相當堅固的鍵結，塑造芳香族的特性。

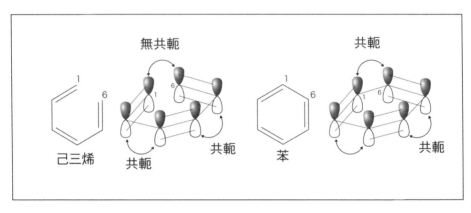

❖ 圖 4.7　己三烯與苯的結構

　　在這種狀態下，苯的結構可用第 2 章所說明的共振，以圖 4.8（A）的形式表示。苯不是（A）右邊的結構，也不是左邊的結構，而是融合了這兩種結構。此外，還有一種方式可描述苯分子的結構：將共軛的 π 電子，以環狀平均分布於六個碳上，如圖 4.8（B）。（A）和（B）都正確，不過一般來說，（A）只會寫出其中一側的結構式，來表示苯的結構。

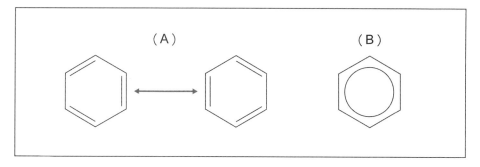

❖圖 4.8　苯的結構表示方式

酮－烯醇的互變異構

　　請看圖 4.9 左邊的化合物，兩個酮類結構※（C=O）中間夾一個碳原子，形成 1,3-二酮的結構。如圖所示，這種化合物可能會轉換成烯醇的結構，形成另一種化合物。也就是說，酮類結構的化合物與烯醇結構的化合物，存有平衡的關係。目前已知，在室溫下，1,3-二酮的平衡系統有 24% 是酮類結構，76% 是烯醇結構。

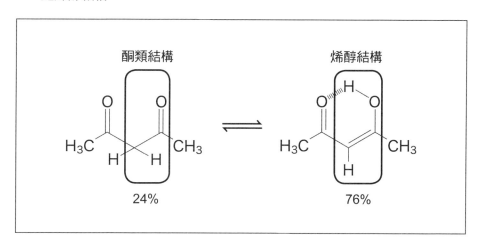

❖圖 4.9　1,3-二酮兩個結構異構物的平衡

※ 羰基與兩個碳原子鍵結，化合物稱為酮類。

具有酮類結構（酮態）的化合物，以及具有烯醇類結構（烯醇態）的化合物，此平衡關係一般表示成圖 4.10，稱為酮－烯醇的互變異構。

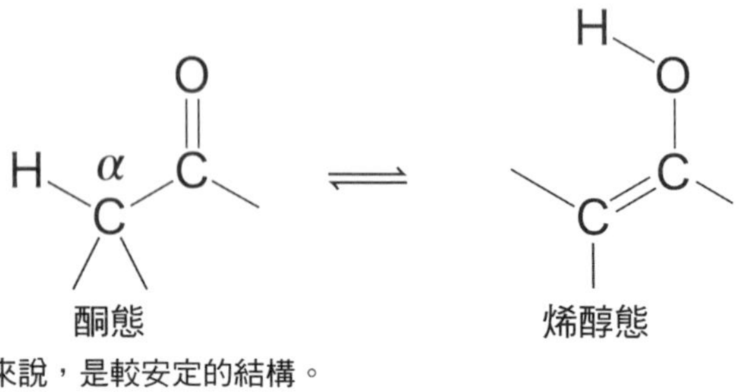
H
α
C
O
C
H
O
C
C
酮態
烯醇態
一般來說，是較安定的結構。

❖圖 4.10　酮－烯醇的互變異構

酮－烯醇的互變異構性質，不只出現於圖 4.9 的特殊分子。如圖 4.10 所示，只要 C=O 旁邊的碳原子（α 位置的碳原子）和氫原子鍵結，便會產生互變異構。然而一般情況下，酮態皆比烯醇態安定。圖 4.11 的兩種分子，酮態皆多於烯醇態，不過酮態與烯醇態的平衡確實存在，在一些化學反應中扮演著重要的角色。

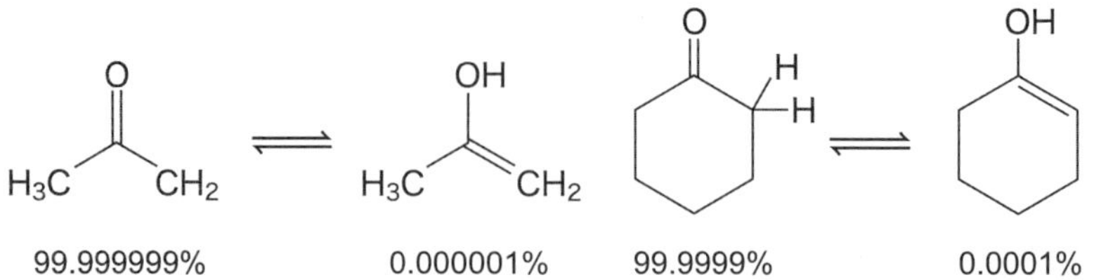
O
H3C
CH2
99.999999%
OH
H3C
CH2
0.000001%
O
H
H
99.9999%
OH
0.0001%

❖圖 4.11　酮－烯醇的互變異構實例

有香氣的物質多為脂溶性

　　花和木頭的香氣能撫慰疲倦的心。我們感受得到香氣，是因為我們四周充滿帶有香氣的分子，其中以稱為萜烯類（terpene，亦稱為mono-terpene）的疏水性有機化合物最具代表性。異戊二烯（isopene）是有五個碳原子的不飽和碳氫化合物，許多處於自然界的有機化合物便由二至三個異戊二烯組成。萜烯類由兩個異戊二烯所組成，有十個碳原子，下圖列舉幾種較具代表性的芳香族有機化合物。蒎烯（pinene）為木頭香氣的主要來源，檸檬烯（limonene）為檸檬、葡萄柚、柳橙等柑橘類香氣的主要來源。此外，沉香醇（linalool）與香葉草醇（geraniol）皆為花香的來源。這些化合物的碳氫骨架結構通常佔很大的比例，或者整個分子皆由碳、氫組成，因此較難溶於水，所以這些分子與水混合會散逸。如果香氣分子不散逸，便不會傳送到我們的鼻子，使我們聞到香氣。亦即，因為香氣分子為脂溶性，我們才能享受香氣。

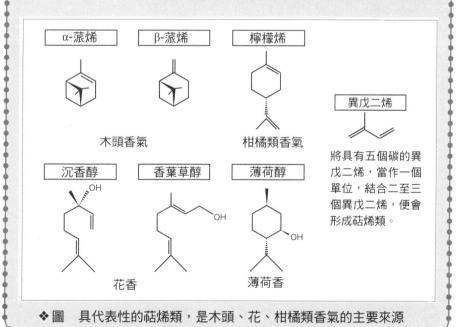

❖圖　具代表性的萜烯類，是木頭、花、柑橘類香氣的主要來源

第5章

有機化合物的化學反應

我賦予你膽量和勇氣吧！

這是我為你上的最後一課！

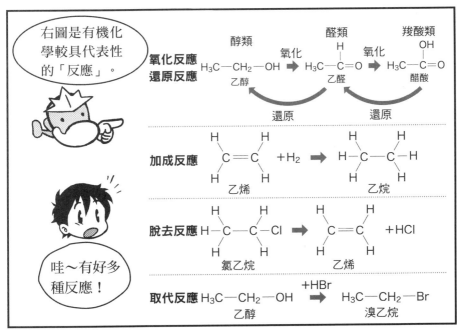

右圖是有機化學較具代表性的「反應」。

哇～有好多種反應！

氧化反應 還原反應

醇類 醛類 羧酸類

氧化 氧化

$$H_3C-CH_2-OH \Rightarrow H_3C-C=O \Rightarrow H_3C-C=O$$

乙醇 乙醛 醋酸

還原 還原

加成反應

$$\overset{H}{\underset{H}{C}}=\overset{H}{\underset{H}{C}} +H_2 \Rightarrow H-\overset{H}{\underset{H}{C}}-\overset{H}{\underset{H}{C}}-H$$

乙烯 乙烷

脫去反應

$$H-\overset{H}{\underset{H}{C}}-\overset{H}{\underset{H}{C}}-Cl \Rightarrow \overset{H}{\underset{H}{C}}=\overset{H}{\underset{H}{C}} +HCl$$

氯乙烷 乙烯

取代反應

$$+HBr$$

$$H_3C-CH_2-OH \Rightarrow H_3C-CH_2-Br$$

乙醇 溴乙烷

放心，對現在的你來說，這一點也不難。

先看「氧化反應」和「還原反應」。

簡單來說，碳原子與氧原子的鍵結數增加，即為氧化，減少則為還原。

增　氧化

COOH
CHO
CH$_2$OH

減　還原

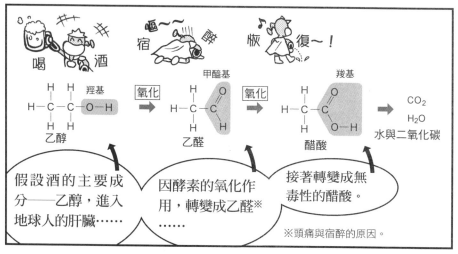

喝　酒

宿　醉

恢　復～！

羥基

$H-C-C-O-H$
乙醇

氧化

甲醯基

乙醛

氧化

羧基

醋酸

CO_2
H_2O
水與二氧化碳

假設酒的主要成分——乙醇，進入地球人的肝臟……

因酵素的氧化作用，轉變成乙醛※……

接著轉變成無毒性的醋酸。

※頭痛與宿醉的原因。

「加成反應」是兩個分子接起來嗎？

沒錯！分子的不飽和鍵結會與其他分子反應、結合。

舉例來說，蘋果產生的乙烯氣體，會使香蕉更快熟成……乙烯和氫氣分子反應，會形成有機化合物——乙烷，性質大變。

C_2H_4
（乙烯）

H_2
（氫氣）

C_2H_6
（乙烷）

「脫去反應」與加成反應相反……

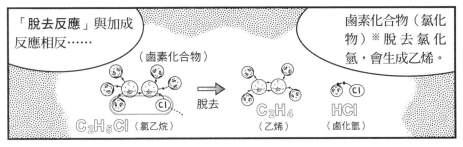

（鹵素化合物）

C_2H_5Cl（氯乙烷） 脫去 C_2H_4（乙烯） HCl（鹵化氫）

鹵素化合物（氯化物）※脫去氯化氫，會生成乙烯。

我到目前為止還聽得懂……不過「取代反應」是什麼呢？

取代反應

「取代」是將特定的原子或原子團，置換成其他原子或原子團。

某些有機化合物分子的整個結構都會參與反應，某些則只有部分結構參與反應。

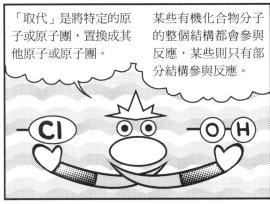

例如，以溴原子取代乙醇的羥基，便會形成溴化物。

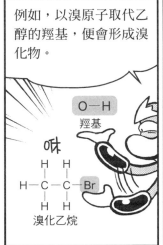

O—H
羥基

溴化乙烷

重點在於，易溶於水的乙醇，經過取代反應，變成難溶於水的溴化物。

因為 OH 具親水性嘛……

※鹵素化合物，含有鹵素原子（F, Cl, Br, I）的有機化合物，簡稱鹵化物，其中，若化合物含有氯原子，則又稱為氯化物。鹵素請參考第 52 頁。

不過……

有機化合物的反應可分為兩種。第一種，只有官能基參與反應，發生變化。

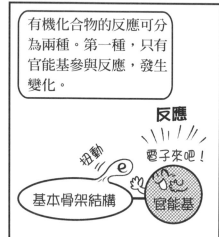

反應

扭動

電子來吧！

基本骨架結構　官能基

第二種，官能基與基本骨架結構皆參與反應，整體電子分布改變，使官能基轉變成其他原子或官能基。

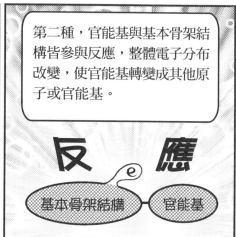

反　應

基本骨架結構　官能基

世界上的化學反應數也數不清，不過只要明白基本原則，便能大致預測反應可得哪種有機化合物！

原來如此……

所以如果你夠了解那個女生，也許便能掌握她的反應。

嚇!!

138

去吧，加賀同學！你知道如何進行反應吧！

呼呼……做得好！加賀同學！

一鼓作氣往前衝吧！

我會在這裡為你加油！

咦～希美要加入網球俱樂部嗎？

沒有啦！我現在還沒決定……

不過，今天晚上的活動我要去露個臉。

呃！

喂～妳要小心喔～

哇

哇

討厭啦！

這是什麼情況？

喂——加賀同學！她在這裡，快回來啊！

抱歉……冒昧打擾！有件事我無論如何都想讓妳知道！

喀啦！

咦？

5.2　碳氫化合物的反應

明星
保齡球☆

♪
卡拉OK

厲害喔！
小希美連續打出
Strike！

唉喲！
我要輸了！

謝謝你們……
嘿嘿！

可惡～她和帥氣三劍客學長混熟了！

她明明和我在學校，一起度過好幾十周的時光。

別那麼在意……
加賀同學。

有機化學的單鍵和三鍵，反應方式與結果都不一樣。

沒錯啦……不過人類的來往，一般都是單鍵……

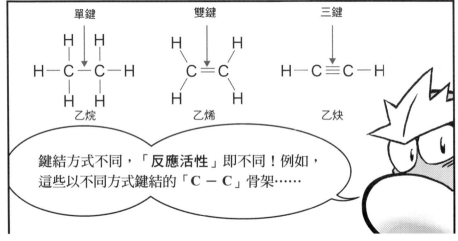

單鍵

$$H—C—C—H$$

乙烷

雙鍵

$$C=C$$

乙烯

三鍵

$$H—C\equiv C—H$$

乙炔

鍵結方式不同，「**反應活性**」即不同！例如，這些以不同方式鍵結的「**C－C**」骨架……

立體化會變成
下圖！

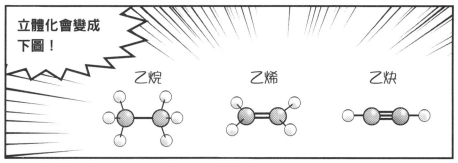

乙烷　　　　乙烯　　　　乙炔

怎樣？你有沒有
發現什麼呢？

嗯……

嗯——

鍵結變成雙鍵或三
鍵……形狀會被限
制？

正是如此！

此例的單鍵會形成三維的
四面體結構……雙鍵是二
維平面，三鍵則是一維直
線！

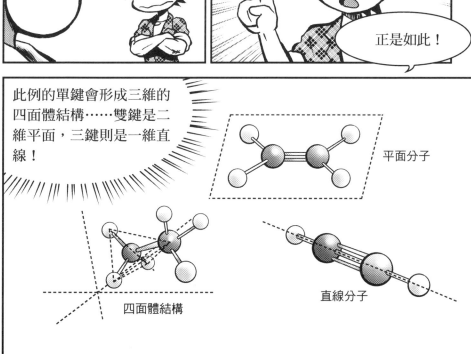

平面分子

四面體結構

直線分子

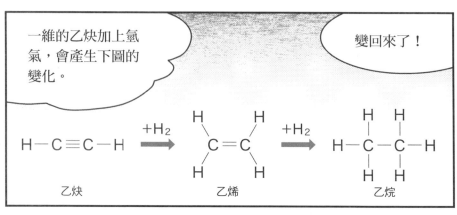

一維的乙炔加上氫氣，會產生下圖的變化。

變回來了！

$$H-C\equiv C-H \xrightarrow{+H_2} C=C \xrightarrow{+H_2} H-C-C-H$$

乙炔　　　　　　　　乙烯　　　　　　　　乙烷

不過，乙烷與氫氣鍵結不會產生變化。

+H₂

因為乙烷碳原子與碳原子的鍵結性質不同。

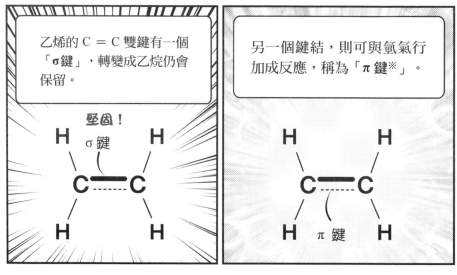

乙烯的 C＝C 雙鍵有一個「σ 鍵」，轉變成乙烷仍會保留。

堅固！
σ 鍵

另一個鍵結，則可與氫氣行加成反應，稱為「π 鍵※」。

π 鍵

※參考第 58 頁的圖 2.3。

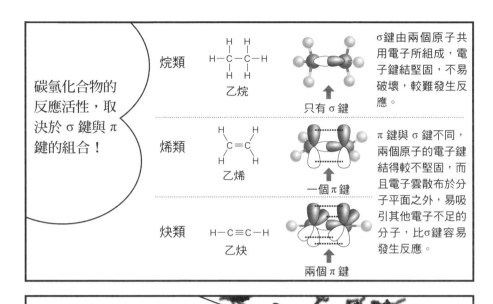

碳氫化合物的反應活性，取決於 σ 鍵與 π 鍵的組合！

烷類	乙烷	只有 σ 鍵	σ鍵由兩個原子共用電子所組成，電子鍵結堅固，不易破壞，較難發生反應。
烯類	乙烯	一個 π 鍵	π 鍵與 σ 鍵不同，兩個原子的電子鍵結得較不堅固，而且電子雲散布於分子平面之外，易吸引其他電子不足的分子，比σ鍵容易發生反應。
炔類	乙炔	兩個 π 鍵	

π 鍵共用的電子較不緊密，而且電子雲散布於分子平面之外，容易吸引其他電子不足的分子，反之，由一個 σ 鍵連結的兩個原子，共用的電子較緊密，鍵結較堅固。

堅固的單鍵

形成 σ 單鍵便不容易改變吧？σ 單鍵很厲害嘛！

是不是比較有自信了呢？加賀同學！

不過，σ鍵還是可能斷掉！

咦！
怎麼這樣？

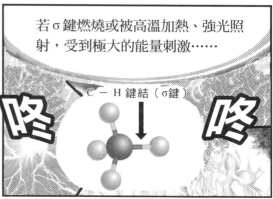

若σ鍵燃燒或被高溫加熱、強光照射，受到極大的能量刺激……

C－H鍵結（σ鍵）

咚

咚

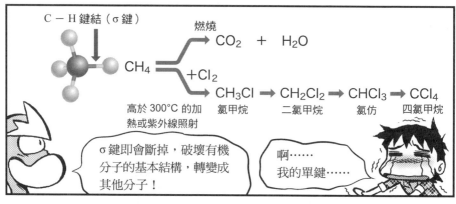

C－H鍵結（σ鍵）

CH_4

燃燒 → CO_2 ＋ H_2O

$+Cl_2$ → CH_3Cl → CH_2Cl_2 → $CHCl_3$ → CCl_4
氯甲烷　　二氯甲烷　　氯仿　　四氯甲烷

高於300°C的加熱或紫外線照射

σ鍵即會斷掉，破壞有機分子的基本結構，轉變成其他分子！

啊……
我的單鍵……

這種會破壞骨架的劇烈反應，有機化學的實驗幾乎不會用到！

拍

研究者為了研究他們感興趣的反應，會努力維持穩定的反應條件。

聽話的乖小孩最棒！哇哈哈哈

啪啦

咚

吸吸

太好了……
把兩個原子拆開，本來就不會有什麼好處嘛！

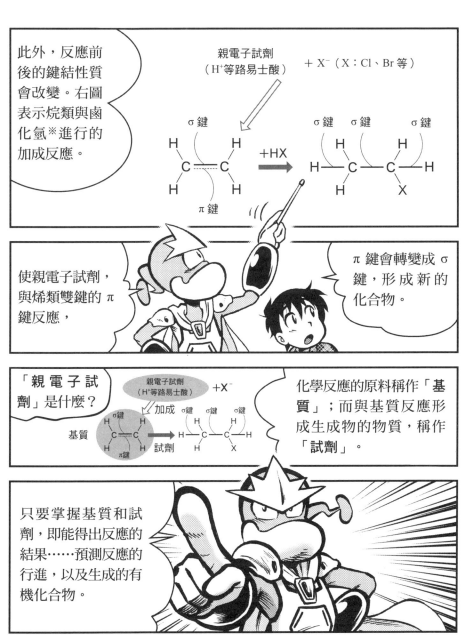

此外，反應前後的鍵結性質會改變。右圖表示烷類與鹵化氫※進行的加成反應。

親電子試劑（H⁺等路易士酸）　＋ X⁻（X：Cl、Br 等）

σ鍵　σ鍵　σ鍵　σ鍵

+HX

π鍵

使親電子試劑，與烯類雙鍵的 π 鍵反應，

π 鍵會轉變成 σ 鍵，形成新的化合物。

「親電子試劑」是什麼？

親電子試劑（H⁺等路易士酸）　＋X⁻

基質　　加成　σ鍵　σ鍵　σ鍵

試劑

化學反應的原料稱作「基質」；而與基質反應形成生成物的物質，稱作「試劑」。

只要掌握基質和試劑，即能得出反應的結果⋯⋯預測反應的行進，以及生成的有機化合物。

※化學式為 HX（X：鹵素原子）的化合物，稱為鹵化氫。若 X 為 Cl，則化合物稱為氯化氫；若 X 為 Br，則稱為溴化氫。

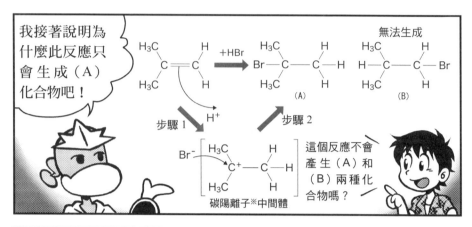

我接著說明為什麼此反應只會生成（A）化合物吧！

步驟1　H⁺

步驟2

無法生成

碳陽離子※中間體

這個反應不會產生（A）和（B）兩種化合物嗎？

「反應機制」可一步步描述反應進行的過程。烯類經過兩個步驟，與溴化氫反應，生成化合物（A）。

步驟1

步驟2

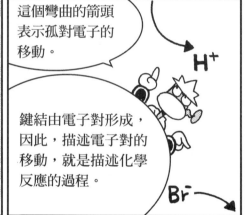

這個彎曲的箭頭表示孤對電子的移動。

鍵結由電子對形成，因此，描述電子對的移動，就是描述化學反應的過程。

H⁺

Br⁻

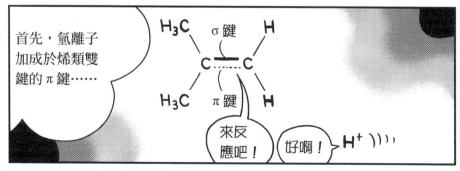

首先，氫離子加成於烯類雙鍵的π鍵……

H_3C　σ鍵　H

H_3C　π鍵　H

來反應吧！

好啊！　H⁺

※擁有三個共價鍵與一個正電荷的碳原子，即為 R_3C^+陽離子，稱作碳陽離子。

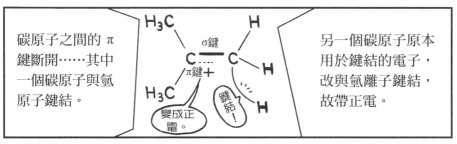

碳原子之間的 π 鍵斷開……其中一個碳原子與氫原子鍵結。

另一個碳原子原本用於鍵結的電子，改與氫離子鍵結，故帶正電。

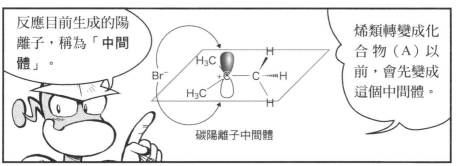

反應目前生成的陽離子，稱為「中間體」。

烯類轉變成化合物（A）以前，會先變成這個中間體。

碳陽離子中間體

碳陽離子有越多氫被烷基※取代，便越安定。

烷基是碳和氫組成的官能基吧？

沒錯！碳原子和三個烷基鍵結，稱作「三級碳」；和兩個烷基鍵結，稱作「二級碳」；和一個烷基鍵結，稱作「一級碳」。

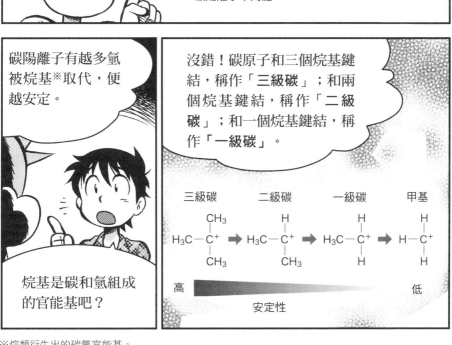

※烷類衍生出的碳氫官能基。

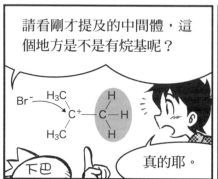

請看剛才提及的中間體，這個地方是不是有烷基呢？

真的耶。

下巴

烷基的中間體是安定的結構……

溴原子無法與之鍵結。

拜託~

溴原子與氫分開，會成為帶負電的狀態……

好呵~過來吧~過來吧~

一喧~

所以因氫離子加成反應，而帶正電的另一個碳原子，會與此溴原子鍵結。

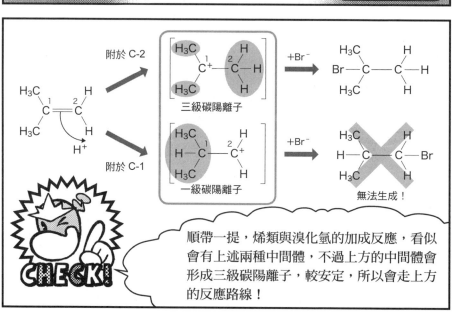

附於 C-2

三級碳陽離子

+Br⁻

附於 C-1

一級碳陽離子

+Br⁻

無法生成！

CHECK!

順帶一提，烯類與溴化氫的加成反應，看似會有上述兩種中間體，不過上方的中間體會形成三級碳陽離子，較安定，所以會走上方的反應路線！

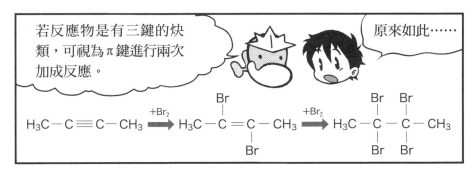

若反應物是有三鍵的炔類，可視為 π 鍵進行兩次加成反應。

原來如此……

$$H_3C-C\equiv C-CH_3 \xrightarrow{+Br_2} H_3C-\underset{Br}{\overset{Br}{C}}=C-CH_3 \xrightarrow{+Br_2} H_3C-\underset{Br}{\overset{Br}{C}}-\underset{Br}{\overset{Br}{C}}-CH_3$$

掌握各個分子的性質，以及鍵結的規則，就不會產生意料之外的化合物！

有機化合物的世界的確是如此。

同樣的，你向希美同學告白，結果只有 Yes 或 No 吧？

答案相當簡單，根本沒必要害怕。

最後，我再教你一個有機化合物的反應例吧！

學完你就能……

從「賦予勇氣的有機化學課程」畢業！

！

5.3　酒精的反應

太棒了！氣氛正好！接下來，我們去小酌吧！

咦？但我還未成年耶……

沒關係啦，別說那麼掃興的話！難得的迎新會！

對啊！只喝一點點啦！

你們果然想趁機……灌酒！

嘁！

助手

那個人⋯⋯我記得是和我同班的同學⋯⋯

喂！你是誰啊！一年級的小鬼？

情緒激昂的帥哥

不準隨便加入我們的對話！沒禮貌！

我會保護希美同學，不讓她變成乙醛！

啥？

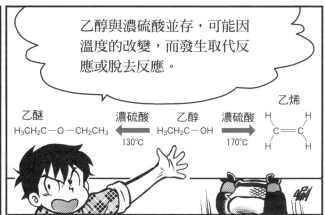

乙醇與濃硫酸並存，可能因溫度的改變，而發生取代反應或脫去反應。

乙醚
$H_3CH_2C-O-CH_2CH_3$

$\xleftarrow{\text{濃硫酸} \atop 130℃}$

乙醇
H_3CH_2C-OH

$\xrightarrow{\text{濃硫酸} \atop 170℃}$

乙烯

$$\underset{H}{\overset{H}{C}}=\underset{H}{\overset{H}{C}}$$

沙沙沙沙——

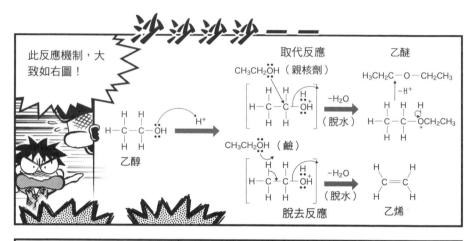

此反應機制，大致如右圖！

取代反應　　　　　乙醚

乙醇

羥基「O－H」和氫離子發生加成反應，羥基會把電子拉過來。

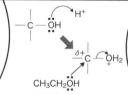

於是乙醇分子中，擁有較多電子的氧原子，所具有的孤對電子，會被帶部分正電荷的碳原子吸引……

而「親核劑」或「親核試劑」會想和羥基旁邊，帶有δ+電荷的碳原子鍵結，

親核劑
或
親核試劑

親核攻擊

造成「親核攻擊」。

這傢伙在幹嘛……

經過這樣的反應機制，乙醇會產生取代反應，轉變成乙醚。

乙醚
$H_3CH_2C-O-CH_2CH_3$

有機化合物經過各種反應……

會轉變成截然不同的分子。

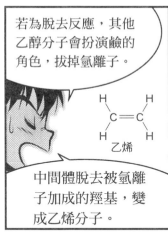

若為脫去反應，其他乙醇分子會扮演鹼的角色，拔掉氫離子。

H C = C H
H 乙烯 H

中間體脫去被氫離子加成的羥基，變成乙烯分子。

總之，我不能坐視不管，讓希美同學捲入學長的邪惡計劃！

而且，我想和有機化合物一樣，讓希美同學參與我的「反應」，改變自己！

希美同學！我從高中開始就一直……一直喜歡妳！

請和我交往！

加賀同學……這真是連乙醇都自嘆不如的「親核攻擊」啊！

嫣嫣一那個人好奇怪！

不要亂看！

你一定會有所改變的……不管結果如何！

深入了解

我們身邊有各式各樣的物質,可從化學的觀點,分成單一成分(僅一種元素或分子)組成,以及非單一成分組成的物質,亦即純物質與混合物,這個概念對研究有機化合物的性質來說相當重要。研究性質,我們會盡可能使用單一成分的有機化合物,當作樣本。分析這些樣本,研究物理特性與化學反應特性,便能一窺有機化合物的樣貌。下文將舉幾個前文沒有提到,卻具代表性的反應,詳細說明如何研究純物質的有機化合物。

⬡ 酯化反應

酯化反應是指羧酸類與醇類反應,生成酯類的反應,如圖 5.1。醋酸與乙醇反應,生成乙酸乙酯,即為典型的例子。若溶液含有 H^+,反應會較容易進行,而且此反應進行的同時,乙酸乙酯也會與水分子反應,生成醋酸和乙醇。這是不是在哪裡看過呢?沒錯,這現象同於酸鹼反應(第 4 章第 122 頁)的平衡狀態。「醋酸與乙醇」、「乙酸乙酯與水」保持著平衡關係。有機化學的反應常有這樣的平衡狀態。

<table>
<tr><td colspan="5" align="center">

酯化反應
H^+
⇌
酯類水解

</td></tr>
</table>

H₃C—C(=O)—O—H　＋　C₂H₅OH　⇌　R—C(=O)—O—C₂H₅　＋　H₂O

醋酸　　　　　　　乙醇　　　　　　　乙酸乙酯　　　　　水

❖ 圖 5.1　醋酸與乙醇反應,生成乙酸乙酯

1. 有機化合物反應的能量變化

　　如何判斷有機化學的反應，是否有平衡狀態呢？包括有機化學，任何化學反應能否進行，都與能量的變化有關。實際的有機化學反應相當複雜，為了清楚說明，我們先來看圖 5.2 的兩種反應，反應物皆為 A，生成物皆為 B。請將圖 5.1 的「醋酸與乙醇」當作反應物 A，「乙酸乙酯與水」當作生成物 B，橫軸為反應的進行過程，代表反應時間的經過。

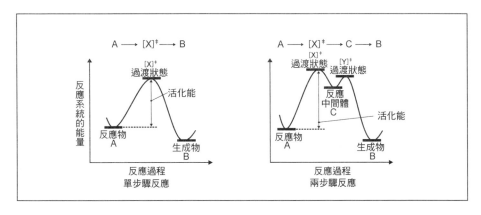

❖ 圖 5.2　化學反應的能量變化

　　圖 5.2 的橫軸代表反應物 A 開始反應，經過一段時間後，形成生成物 B 的過程；縱軸則是與反應相關的分子，所擁有的能量越低表示越穩定。圖 5.2 中，B 的位置比 A 低，表示 A 反應會放出能量（放熱反應），生成較安定的 B。A 和 B 之間，有個必須跨越的能量障礙。以加熱等方式處理 A，可將能量施於 A，使 A 跨越能量障礙（進行反應），轉變成 B。這個障礙的頂點狀態 [X]‡，稱作過渡狀態；而必須跨越的能量高度，稱為活化能。接下來我們換個角度，思考如何從生成物 B 轉換成反應物 A，雖然方向相反，但這個反應同樣需要經歷過渡狀態——[X]‡。但此反應為何必須越過這個能量障礙呢？這個障礙高於 A 與 B 的能量差，如果能量障礙很高，A 與 B 的能量差即很大，使 B 無法轉變成 A（嚴格來說，還是可能會轉變，但機率極小），只有 A 可反應生成 B。反之，如果能量障礙很小，A 與 B 的能量差很小，B 即有可能轉變成 A，此即平衡狀態。也就是說，酯化反應的能量變化屬於後者。

若反應的能量變化如圖 5.2 的左圖，則反應物 A 經歷過渡狀態[X]‡，再轉變成生成物 B，稱為單步驟反應；若反應物 A 經歷過渡狀態[X]‡，轉變成暫時性的反應中間體——化合物 C，再經歷另一個過渡狀態[Y]‡，才轉變成生成物 B，則稱作兩步驟反應，能量變化如圖 5.2 的右圖。這兩種反應最大的差別在於，是否有中間體。

2. 過渡狀態與中間體的差異

過渡狀態和中間體有什麼差異呢？圖 5.2 顯示，過渡狀態位於波峰，中間體則位於兩個波峰所夾的波谷。在實際的反應中，不可能讓反應物停留在波峰的位置，一旦反應物到達波峰的狀態，勢必會往下反應。而使反應物跨越過渡狀態的能量，稱為活化能。此外，中間體 C 的能量比 A、B 高，亦即，雖然 C 分子比 A、B 不安定，卻因為處於能量的波谷，而可短暫存留。中間體的狀態不安定，因為 C 到 B 所需越過的波峰（活化能），比 A 到 C 所需越過的波峰低許多。若 A 得到的能量足以使 A 越過[X]‡，轉變成 C，即可輕鬆再越過下一個波峰。如同一鼓作氣越過一座山峰，即使前方還有一座小山丘，也能趁勢征服。

這麼看來，中間體對於整個反應來說，看似無足輕重，其實是決定化學反應能否進行的關鍵。本書後面章節會提到的反應，多半有中間體，看過下節列出的反應實例，讀者便能了解中間體的重要性。

3. 酯化與水解

A 是否能順利反應生成 B，取決於 A 是否比 B 安定。如果 A 和 B 的能量差相當小，B 可能變回 A，並在兩個反應之間取得平衡。圖 5.1 所說明的反應——羧酸類與醇類反應而生成酯類，就是一個很好的例子。在酯化的反應條件下，作為生成物的酯類與水分子可能進行水解，變回羧酸類和醇類（圖 5.3）。羧酸類、醇類、酯類這三種分子的安定性不會差太多，所以可呈現平衡狀態。因此，為了提高酯類的生成率，一般會以乾燥劑去除生成的水分子。

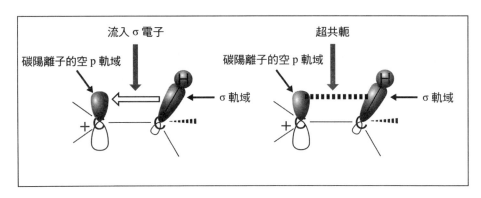

酯化
H⁺

羧酸類 + R'OH ⇌ 酯類 + H₂O
酯類水解

❖ 圖 5.3　羧酸類酯化與酯類水解

　　若B比A安定許多，平衡狀態無法成立，由A轉變成B的反應會比反方向的反應還穩定，不過 A 仍需跨過活化能的障礙，必須仰賴催化劑的作用。催化劑能降低反應的活化能，使反應容易進行。學習有機化學，除了要注意各種反應機制，也需認識過渡狀態與中間體的重要性。

● 雙鍵的加成反應

　　在有機化學的反應中扮演著重要角色的中間體，到底是什麼呢？下文以具代表性的例子來說明。

　　親電子試劑H⁺與雙鍵進行加成反應，會生成帶正電的碳陽離子中間體。

　　若這個碳陽離子中間體的陽離子，與越多烷基鍵結，便會越安定。因為與陽離子相鄰的C－H（或C－C）σ 鍵，σ 電子會往陽離子的空軌域移動，亦即，σ軌域與陽離子的p軌域產生共軛效應（此處亦稱超共軛），如圖 5.4。

流入 σ 電子　　　　　　　　　　超共軛

碳陽離子的空 p 軌域　　　　　　碳陽離子的空 p 軌域

σ 軌域　　　　　　　　　　　　σ 軌域

❖ 圖 5.4　碳陽離子變安定的原因

前文已說明親電子試劑與雙鍵的加成反應，不過溴原子與其他原子加成的情形與之不同。接下來，將以環狀烯類的環己烯與溴原子的加成反應為例。這個反應依據兩個溴原子的相對位置，可將產物分成反式和順式兩種幾何異構物※，以下將分別討論可能的反應途徑。實際的反應只會產生反式的產物，且反應機制有兩種可能，請見圖 5.5。雙鍵的 π 電子與溴原子反應，形成陽離子中間體（溴陽離子中間體），會形成三員環結構，如同（A），而不是（B）的結構。（A）的結構限制了另一個 Br⁻ 的攻擊方向，因此只會生成反式產物。

※只要分子的立體結構不同，即使原子的排列順序相同，亦會形成異構物，例如幾何異構物、鏡像異構物、結構異構物等，總稱立體異構物。

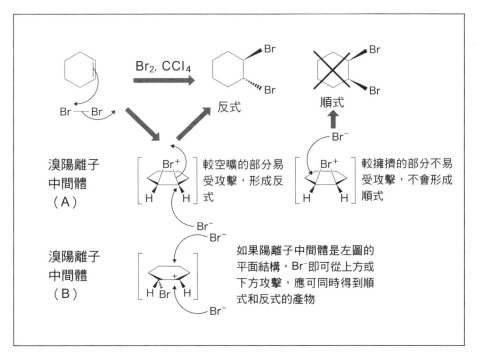

❖ 圖 5.5　環己烯與溴的加成反應機制

鹵化碳氫化合物的親核取代反應

「親核」取代反應究竟是什麼意思呢？如圖 5.6 所示，碳原子與電負度高於碳原子的鹵素原子X（例如Cl、Br）鍵結，鍵結的電子（σ電子）會被鹵素原子拉過去一點，使 C－X 鍵結的電荷偏向一側。鹵素原子 X 會帶部分負電（δ^-），碳原子則會帶部分正電（δ^+）。若附近有富含電子的分子（親核劑，或稱親核試劑，例如OH$^-$），此分子會被帶 δ^+ 的碳原子（基質）吸引，與之鍵結（親核攻擊），親核試劑對基質的親核攻擊，即為親核取代反應的開端。另外，因為 H$^+$等原子易被具有許多電子的部分吸引，所以稱為親電子劑或親電子試劑。

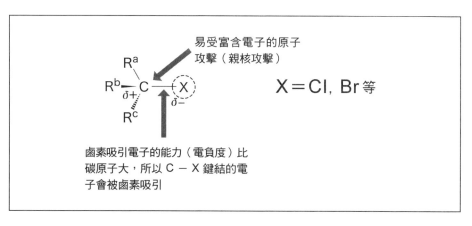

❖ 圖 5.6　鹵化碳氫化合物的結構

如同上文的說明，鹵化碳氫化合物的結構如圖 5.6 所示。碳原子與電負度大的鹵素原子鍵結，鍵結的σ電子會被鹵素原子拉去（σ鍵引起的極化作用，稱作誘導效應），使碳原子的電子密度不足，容易吸引親核劑（富含電子）的攻擊，發生圖 5.7 的親核取代反應。接著，請看圖 5.7 的例子，親核取代反應以富含電子的 OH$^-$作為親核劑，對溴化物的碳原子（與溴鍵結者）進行親核攻擊，將Br趕跑，取而代之，使OH$^-$的氧原子O與碳原子C產生新的鍵結，生成乙醇。由反應的結果看來，基質的Br被OH取代，所以稱為取代反應。

❖圖 5.7　鹵素原子的親核取代反應

1. 親核取代反應的進行方式

　　本節將詳細探討親核取代反應的進行。如圖 5.8 所示，一般來說，親核取代反應大致可分成兩種反應機制：單分子親核取代反應（S_N1），以及雙分子親核取代反應（S_N2）。雙分子親核取代反應是兩步驟反應（需經過碳陽離子的階段），單分子親核取代反應是單步驟反應，兩者的反應機制不同（S_N 為英語的親核取代反應，取 Nucleophilic Substitution 的字首）。S_N1 反應最需要能量的步驟是鹵素一開始的脫離過程，亦即只要有鹵化碳氫化合物分子，便能進行反應，故稱為單分子親核取代反應。S_N2 反應的鹵化碳氫化合物被親核劑攻擊，鹵素原子會跟著脫離，鹵素原子脫離前的狀態是過渡狀態，因此 S_N2 反應需要鹵化碳氫化合物與親核劑共同參與，才能順利進行，故稱為雙分子親核取代反應。

　　前文說明酯化反應，有提到反應的能量變化，請以這個概念觀察這兩個反應機制。圖 5.8 的兩個反應都是兩步驟反應，反應物都需先轉變成[ ]內的中間體，而形成生成物之前，都有兩個箭頭，不同的地方只在於一個反應有中間體，另一個反應則經歷過渡狀態。中間體和過渡狀態的差別對化學反應來說相當重要。只將反應物（本例為基質和親核劑）混合，並無法順利進行

反應，必需有一定程度的熱（正確來說，是能量）。如圖 5.9 的左圖（S_N2）所示，反應需越過能量障礙，才可順利進行。換句話說，要使反應發生，必須有足夠的能量越過障礙，這個能量稱作活化能。S_N2 反應的反應物只需越過一個能量障礙，即能轉變成生成物。反應物無法停留在能量障礙的頂峰，越過障礙便會馬上轉變成生成物，不過如圖 5.9 的右圖所示，S_N1 反應即使越過第一個能量障礙，亦不會馬上形成生成物，會在略低於頂峰的地方，短暫停留，再越過另一個較低的能量障礙，接著形成生成物。這個像山谷的地方，即代表碳陽離子中間體。總之，S_N1 反應必須越過兩個能量障礙，故為兩步驟反應。

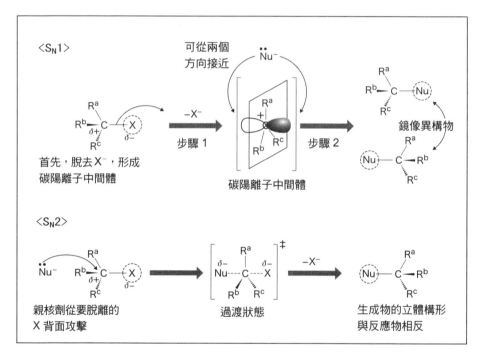

❖ 圖 5.8　鹵化碳氫化合物親核取代反應的兩個反應機制

　　請再看一次這兩個反應機制。S_N1 反應會先脫去鹵素離子 X^-，生成碳陽離子中間體。而碳陽離子中間體為平面分子，如圖 5.8 所示，親核劑可從任何一面靠近它。若反應物分子與鹵素鍵結的碳原子是不對稱碳（R^a、R^b、R^c 為兩

兩相異的原子或原子團），生成物便是兩種鏡像異構物以 1：1 的比例所組成的混合物（外消旋混合物）。另一方面，S_N2 反應的親核劑從鹵素的背面，對碳原子進行親核攻擊，不對稱碳各鍵結原子團的分布，會如傘開花一樣，造成立體構形的反轉。

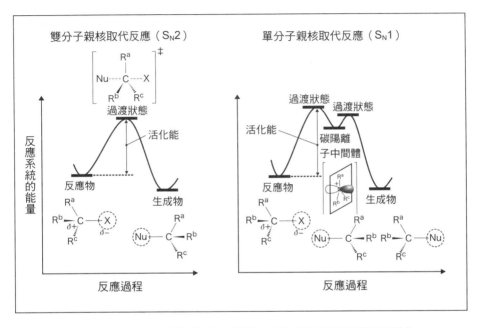

❖ 圖 5.9　兩種鹵化碳氫化合物親核取代反應的過程與能量變化

　　該怎麼實際判斷，分子經由哪種機制進行反應呢？其實藉由反應機制的特徵，即能推測答案。首先，如果 S_N1 反應過程生成的碳陽離子中間體相對穩定，便容易行 S_N1 的反應機制。舉例來說，假設 R^a、R^b、R^c 皆為 CH_3，根據圖 5.4，可推測碳陽離子中間體是相當穩定的。而且，此例的 R^a、R^b、R^c 皆為 CH_3，親核劑若從碳原子的背面進行親核攻擊，在三維空間中易被擋住。也就是說，親核劑原本要鍵結的 δ^+ 碳原子，被三個 CH_3 遮住，難以進行 S_N2 反應。而且這三個 CH_3 互有排斥效應，使結構較不穩定。反之，形成碳陽離子中間體，便能消除排斥效應。由此可知，反應物應該會走 S_N1 的反應機制，而實驗結果亦與我們的推測一致。

鹵化碳氫化合物的脫去反應

接下來探討脫去反應。若反應環境允許鹵化碳氫化合物進行親核取代反應，不會只產生取代反應的生成物，也會產生脫去反應的生成物。如圖 5.10，由於親核劑是富含電子的鹼，所以可能與 β 氫原子（與 δ⁺ 碳原子相鄰的碳原子所鍵結的氫原子）反應，拔除氫原子（以 H⁺ 的形式脫離），最後形成脫去反應的生成物。

脫去反應可依反應機制，分成單分子脫去反應（E1）與雙分子脫去反應（E2）。如圖 5.11 所示，此概念與 S_N1 和 S_N2 相似。取代反應與脫去反應的差別在於，親核劑（鹼）的攻擊部位是 α 碳原子，或 β 碳原子，而兩者的相互反應過程則很相似。因此，取代反應和脫去反應通常會相互競爭，同時產生兩種生成物。不過，脫去反應大多需要較高的溫度（能量），反應所需的活化能較高，因此只要能有效控制反應的溫度，便能掌控反應物要進行取代反應或脫去反應。

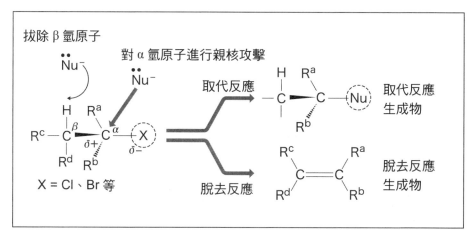

❖ 圖 5.10　鹵化碳氫化合物的取代反應與脫去反應

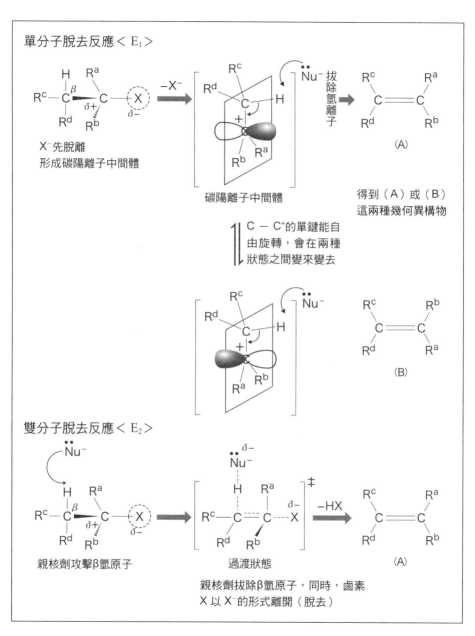

❖ 圖 5.11　兩種鹵化碳氫化合物脫去反應的反應機制

脫去反應的生成物是烯類，所以若反應物的支鏈 R^a、R^b、R^c、R^d 都兩兩不相同，即會產生幾何異構物。圖 5.11 的 E1 反應機制，所列出的（A）和（B）即是幾何異構物（R^a、R^c 在同一側，以及 R^a、R^c 在不同側的異構物）。在 E1 反應機制中，碳陽離子中間體的 $C-C^+$ 單鍵可以自由旋轉，使 R^a 與 R^c、R^a 與 R^d 的相對位置可以自由改變，因此最後可能會產生（A）和（B）兩種幾何異構物。這個反應的生成物，立體結構沒有位置選擇性。另一方面，由圖 5.12 的立體構形可知，E2 反應機制脫去的 H 和 X 原子，需處於相反的位置（對扭式），才能進行脫去反應。因此，如圖 5.11 與圖 5.12 所示，這種反應機制只會生成（A）產物。

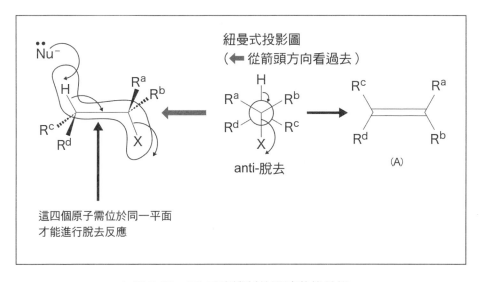

❖ 圖 5.12　E2 反應機制的過渡狀態結構

此外，脫去反應還有另一種位置選擇，如圖 5.13 所示。若可脫去的氫原子有兩種，便可得到兩種生成物。這時反應會依照生成物的熱力學穩定性，看哪一種生成物較穩定，便生成這樣的產物。各種分子的穩定性順序，如圖 5.14 所示。

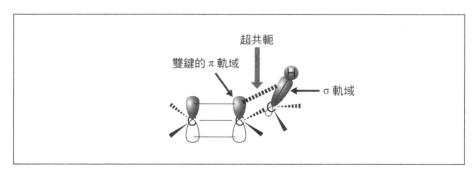

❖ 圖 5.13　脫去反應的位置選擇性

H₃C　　　CH₃ H₃C　　　CH₃ H₅C₂　　　H H₅C₂　　　C₂H₅ H₇C₃　　　H
　C＝C　　＞　C＝C　　＞　C＝C　　＞　C＝C　　＞　C＝C
H₃C　　　CH₃ H　　　C₂H₅ H　　　C₂H₅ H　　　H H　　　H

(A)　　　　　　(B)　　　　　　(C)　　　　　　(D)　　　　　　(E)

排斥效應

E 異構物　　　*Z* 異構物

❖ 圖 5.14　烯類 C_6H_{12} 的穩定性

　　由圖 5.14 可知，烯類的四個支鏈中，H 被置換成烷基（CH_3、C_2H_5等）的數量越多，越穩定，這是來自超共軛效應，如圖 5.15。而（C）和（D）這兩個幾何異構物的穩定性差異，則來自進行取代反應，烷基所形成的排斥效應。

超共軛

雙鍵的 π 軌域

σ 軌域

❖ 圖 5.15　超共軛的組成

苯環反應（芳香族親電子取代反應）

圖 5.16 列出苯環類芳香族化合物，較具代表性的親電子取代反應。親電子試劑 E$^+$ 以電子密度高的苯環為目標，附加於苯環，促成芳香族親電子取代反應。實際上，（1）～（3）列出的試劑會先生成親電子的反應物Br$^+$、NO$_2^+$、SO$_3$H$^+$等，這些反應物再與苯環的 π 電子接觸，進行接下來的反應。不過圖 5.16 的反應看來有點怪異吧？苯環的 π 電子與 Br$^+$ 發生加成反應，苯環的其中一個雙鍵應該變成單鍵吧？其實並不會形成加成反應的產物，而是苯環的一個氫原子與溴原子交換，生成取代反應的產物。為什麼呢？請觀察此反應機制。

（1）	溴化	Br$_2$或 FeBr$_3$	Br$^+$
（2）	硝化	濃硝酸＋濃硫酸	NO$_2^+$
（3）	磺酸化	發煙硫酸	SO$_3$H$^+$

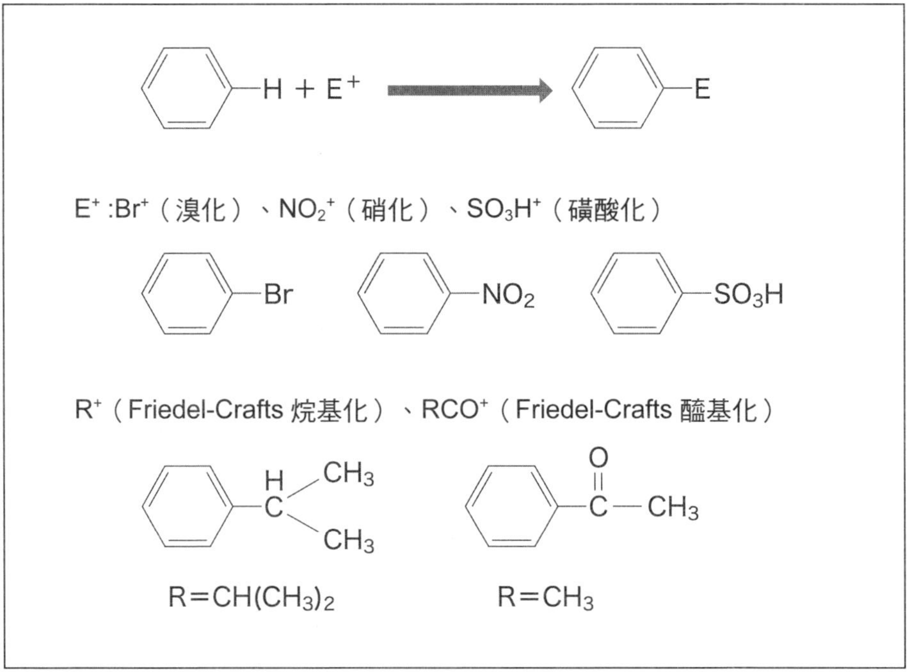

❖ 圖 5.16　芳香族親電子取代反應

芳香族親電子取代反應的反應機制如圖 5.17 所示。E+對苯的 π 鍵進行親電子攻擊，生成碳陽離子中間體。如圖所示，這個中間體會藉共振的方式，使自己處於穩定狀態，目前為止的反應，與之前說明的「以雙鍵為目標，進行親電子加成反應」相同，不過接下來的步驟，芳香族化合物的特殊性質會成為關鍵。苯環並非單純由三個雙鍵和三個單鍵連接，芳香族分子都很安定，因為化學性質不同於一般具雙鍵的化合物（如烯類）。一般雙鍵化合物的分子容易與溴或氯化氫產生加成反應。舉例來說，溴是褐色的液體，若混合溴與烯類，溴的顏色會漸漸消失，變成無色。然而，將有苯環的分子與溴混合，液體卻一直保持褐色，亦即，苯環不會與溴反應。想讓溴與苯環的雙鍵進行加成反應，需要活性相當高的Br+（試劑）。親電子試劑附加於苯環，所產生的碳陽離子中間體有一定的穩定性，但還是比具苯環的芳香族分子不穩定。因此，碳陽離子中間體會再釋放 H+，以換取芳香族分子的高穩定性，再次成為有苯環的分子，此即芳香族親電子取代反應。

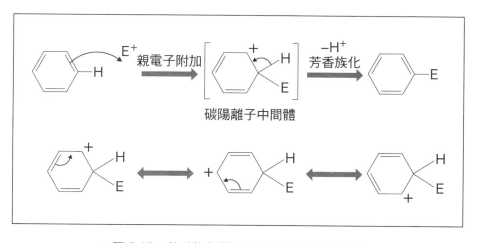

❖ 圖 5.17 芳香族親電子取代反應的反應機制

芳香族親電子取代反應還有一個很有趣的特徵，下文以只有一個位置被取代基取代的苯環為例，說明苯化合物的親電子取代反應。首先，取代基取代氫之後，苯環的反應活性會變高，還是變低呢？圖 5.18 彙整這些化合物的反應活性。

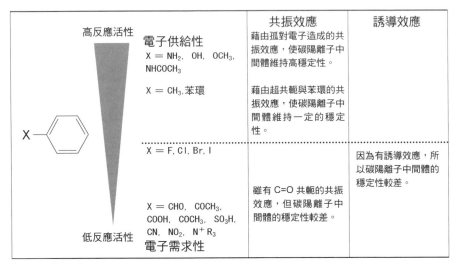

❖圖 5.18　芳香族親電子取代反應，各種取代基的反應活性

由圖 5.18 可知，各種取代基、苯環的反應活性，與共振效應、誘導效應有很大的關係，尤其是共振效應，對芳香族化合物的反應活性來說相當重要。取代基可分為：能提供苯環電子（電子供給性）的取代基，以及會吸引苯環電子（電子需求性）的取代基。由圖 5.17 的反應機制可知，苯環（反應物）電子密度越高，反應越易進行。也就是說，取代基的電子供給性越高，芳香族親電子取代反應的反應活性越高；反之，取代基的電子需求性越高，芳香族親電子取代反應的反應活性越低。舉例來說，若芳香族親電子取代反應的反應物，是以胺基NH_2為取代基的苯胺，反應的難度較低；若反應物是以硝基NO_2為取代基的硝基苯，反應的難度較高。

另外，如果反應物是已經有一個取代基的單取代苯化合物，不只會有反應活性的問題，還會有位置選擇性的問題。如圖 5.19 所示，位置選擇性是指第二個取代基在苯環上的位置，與第一個取代基的相對關係。位置選擇性依據取代反應的生成物，可以分為三種：鄰位、間位以及對位。

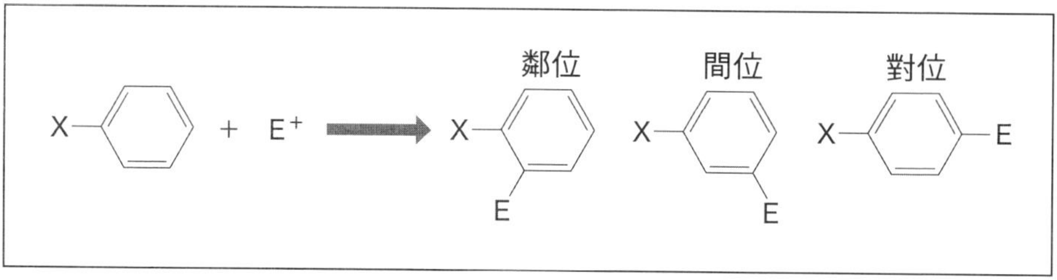

❖ 圖 5.19　芳香族親電子取代反應的位置選擇性

　　該如何判斷第二個取代基會取代苯環的哪個位置呢？位置選擇性的問題從碳陽離子中間體的形態切入，便能解決。如圖 5.20，各種親電子攻擊所產生的碳陽離子，可在三種結構中穩定存在。然而這些分子的穩定度，和取代基的電子供給性、電子需求性有很大的關係。請注意圖 5.20 鄰位攻擊和對位攻擊的例子，用虛線框起來的結構，是碳陽離子中間體需注意的重點。這兩個分子與取代基鍵結的碳原子，皆為碳陽離子。苯環與反應活性較高的電子供給性取代基（OH、NH_2等）鍵結，這些取代基所擁有的孤對電子會供給電子，所以這兩個虛線框起來的結構，比其他結構穩定。不過間位攻擊的碳陽離子中間體，沒有這種穩定結構，也就是說，由於鄰位和對位的取代反應，此碳陽離子中間體比間位的中間體穩定，會優先進行鄰位和對位的加成反應，優先生成鄰位取代物和對位取代物。實驗結果顯示，這些官能基被取代的苯環化合物，傾向生成鄰位、對位的取代物，具有鄰對位置選擇性。另一方面，當苯環與反應活性較低的電子需求性取代基，例如NO_2等鍵結，圖中虛線框起來的結構反而會變得較不穩定，將優先生成間位取代物，具有間位位置選擇性。

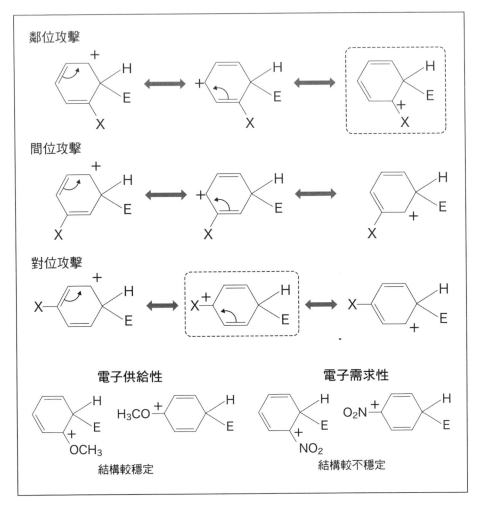

❖ 圖 5.20　芳香族親電子取代反應位置選擇性的由來

　　因為苯環的反應活性有這些特徵，所以能合成各種化合物，加以利用，使我們的生活更豐富。

操控化學性質的力量：有機化學反應

官能基的差異是決定有機化合物性質的關鍵，而官能基的轉變是有機化學反應的重要特徵，本節以苯環的化學反應為例。苯環是由碳原子和氫原子組成的碳氫化合物，屬於難溶於水的脂溶性化合物。苯環進行磺酸化取代反應（芳香族親核取代反應的一種），會形成苯磺酸。因為帶有親水性官能基，苯磺酸會轉變成易溶於水的水溶性化合物。另外，苯環進行硝化反應所得的硝基苯，與原先的苯一樣，屬於脂溶性化合物，幾乎不會溶於水。不過，硝基苯進行還原反應，所得的生成物苯胺，則有些許的水溶性，也有一點鹼的性質，但苯磺酸卻是酸性化合物。這段敘述看似普通，但經過一個小小的反應，性質就變得完全相反，對化學分子來說，是相當大的變化。

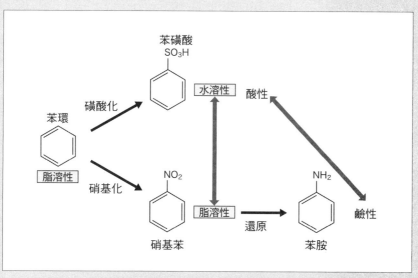

❖圖　改變苯環官能基的同時，也改變了它的化學性質

此外，許多有機化合物分子擁有多種官能基，因此會表現出多種性質。胺基酸有表現酸性的COOH，以及表現鹼性的NH_2兩種官能基，而且胺基酸這類分子，具有帶兩個COOH的分子，只考慮酸鹼性的差異，即能變化出多種性質的化合物。有機化合物會利用化學反應的力量，在各種性質的化合物之間變換自如。

怦……　　　怦……

那個……

十分感謝你……

不過，突然被連名字都不知道的人告白，我……

……

呵，你的存在感很薄弱啊！

這是我發自內心的真心話！

希望希美同學能真誠地回應我！

咳……

啊，這是我未婚夫的照片。

嘿嘿……

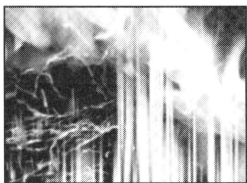

什麼啊，原來有這回事。

啊——回去吧！

你的勇氣可嘉，加賀同學！

拍

啊……
該說什麼呢……

嘎啦嘎啦！

啊啊！

我之前就認為你和希美同學有點像。

沒想到除了一本正經和熱衷學習，天然呆這點也很像啊——

啊……希美同學……

我們之後還是好朋友吧！

可以嗎？佐賀同學！

她連名字都記錯啦……

她的未婚夫在哪裡？讓我把他活埋吧……嗚嗚——

嗶嗶

唉！

來迎接我的幽浮
已經到了……

加賀同學,你在這短短的幾天內,不論是作為一個人類,還是作為一個有機化學研究者,都成長了許多。

咦?

你的「勇氣」使你得到這麼豐碩的「成果」。

塞翁失馬,焉知非福。

我銀河系的妹妹藉由轉播看到加賀同學努力的樣子,對你產生好感。

咦……

咦?

她說無論如何都想和你交往——特地從遙遠的星球來見你!

嗡 嗡 嗡 嗡

我介紹一下！
這是我妹妹，
夢子。

嗡 嗡

加……
加賀……先生。

呼——

呼——

請和我……
以結婚為
前提交往……

上吧！加賀同學！你是
史上第一位與外星人墜
入愛河的地球人，戀愛
的新時代來臨啦……

我……我只想當
一般的大學生啦！

182

構成生物體的
有機化合物

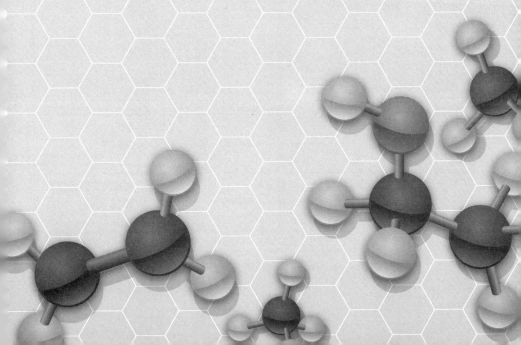

構成生物體的有機化合物

有機化合物原先是指生物體內的化合物，其中以蛋白質、脂肪、醣類（碳水化合物）最具代表性，請看圖A.1的例子。和前文介紹的各種分子相比，這些分子的分子量很大，不過化學性質仍遵循有機化合物的規則，所以能用同樣的方式解釋這些化合物的性質。

我們將從化學分子的角度來看這些構成生物體的有機化合物：蛋白質、脂肪與醣類（碳水化合物）。

	醣類（碳水化合物）	脂肪	蛋白質
單位結構	單醣類 α-D-吡喃葡萄糖 α-變旋異構物 ↓↑ 鏈狀 D-葡萄糖 ↓↑ β-D-吡喃葡萄糖 β-變旋異構物	脂肪酸 硬脂酸 （十八酸） 異戊二烯	α-胺基酸 α-胺基酸
於自然界的存在形式	蔗糖（雙醣類） 纖維素 澱粉	甘油酯 萜烯類（terpene，異戊二烯聚合物）	酵素 血紅素
功用	維持生物體的結構 識別分子、細胞	能量來源 儲存生物體的能量 組成細胞膜	在細胞間傳遞訊息 讓生物體內物質相互轉換

❖ 圖 A.1　構成生物體的主要有機化合物

⬡ 蛋白質

蛋白質究竟是什麼呢？蛋白質主要由碳原子與氫原子組成，再加上少數氮原子、氧原子與硫原子。不過，蛋白質和前文介紹的有機化合物有著決定性的相異之處——分子的大小。有機化合物的分子相當微小，用顯微鏡也看不到，但還是有幾種有機化合物，可用肉眼觀察。這些分子都是由數千、數萬個小分子所合成的巨型分子，稱作聚合物，例如蛋白質。

蛋白質的成分

蛋白質究竟是由哪種小分子組成呢？組成蛋白質的小分子，亦即蛋白質的最小單位，是胺基酸。同時具有胺基（NRR'）與羧基（COOH）兩種官能基的有機化合物，都稱作胺基酸。圖A.2 的胺基酸，第一個碳原子與胺基、羧基連結，稱作α-胺基酸，對生物體來說，是相當重要的胺基酸。依據R支鏈的不同結構，α-胺基酸可分為二十種，對生物體來說相當重要。如果這裡的R是H，則是甘胺酸（Glycine）。

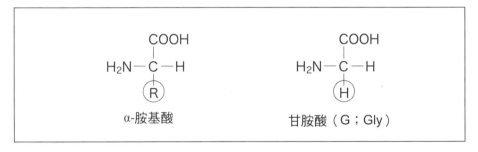

❖ 圖 A.2　α-胺基酸與甘胺酸

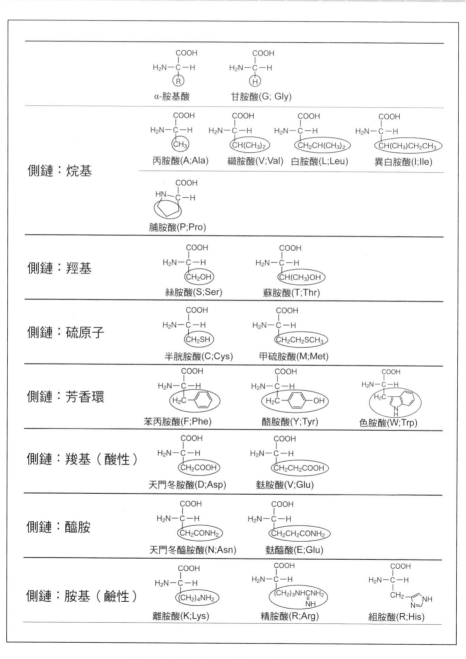

❖ 圖 A.3 組成蛋白質的各種α-胺基酸

圖A.3列出二十種胺基酸，這些胺基酸大量連結，便可構成蛋白質。圖A.
3各個胺基酸名稱後的括弧，列出這些胺基酸的簡稱，例如G、Gly等，這二
十種胺基酸皆有公認的簡稱。由於蛋白質是由這二十種胺基酸，一個接一個
連結而成的巨型分子，因此說明蛋白質的結構，需把胺基酸的分子式全寫出
來，相當麻煩，須使用簡稱。大致觀察這二十種α-胺基酸的結構，便能發現甘
胺酸的α碳鍵結了胺基NH₂、羧基COOH、兩個氫原子，而丙胺酸的α碳則與
H、CH₃、NH₂、COOH鍵結，代表丙胺酸的α碳是不對稱碳。除了甘胺酸，其
他十九種α-胺基酸皆有這個不對稱碳，而擁有這個不對稱碳，代表它有鏡像異
構物。其實這十九種α-胺基酸的兩個鏡像異構物當中，皆只有一個能組成蛋白
質（稱作L-胺基酸，而另一個鏡像異構物則稱作D-胺基酸），這對生物體的
化學反應來說，相當重要。

　　舉例來說，幾乎所有可當作藥物的有機化合物分子結構，皆有許多不對
稱碳，所以皆有各自的鏡像異構物。請看圖A.4的例子，這兩個鏡像異構物，
只有(R)-thalidomide可當藥物，另一個S組態的鏡像異構物不能當藥物，且有
毒性，這個分子正是引起一九六〇年代藥物不良反應風波（沙利竇邁事件）
的主因。不過也有研究發現，此S組態的鏡像異構物有助於治療某些疾病，現
在亦作為藥物使用。圖A.5的麩胺酸是較常見的例子。麩胺酸有兩個鏡像異構
物，其中，L組態會產生鮮味，可作為調味料使用。

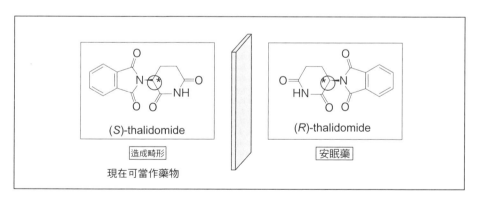

❖ 圖 A.4　α-∨酞醯亞胺戊二醯亞胺（沙利竇邁）的兩個鏡像異構物
　　　　　（圈起來的碳原子是不對稱碳）

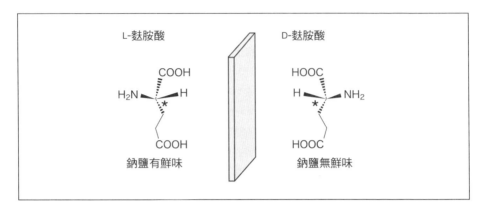

❖ 圖 A.5　麩胺酸的兩個鏡像異構物

兩性離子：α-胺基酸

　　我們再看一次α-胺基酸的結構吧！α-胺基酸分子含有胺基NH_2，以及羧基COOH，這兩個官能基皆為親水性官能基。分子有這兩個官能基，便能溶於水，但幾乎不溶於有機溶劑等油性溶劑。請回想有機化合物的酸鹼：胺基的氮原子有孤對電子，屬於鹼，而羧基COOH可以產生H^+，屬於酸。亦即，α-胺基酸的分子同時具有酸和鹼的官能基。因為分子有這兩個官能基，所以α-胺基酸會因為水溶液的 pH 值而改變，產生圖 A.6 的三種結構。圖 A.6 正中間的分子稱作兩性離子，而這個兩性離子的結構如何形成呢？胺基酸分子的COOH會釋出H^+（酸性），但分子還具有鹼性的官能基——胺基，會將H^+撿回來，因此可得到兩性離子。

$$\underset{\text{陽離子\quad 低 pH}}{H_2\overset{+}{N}-\underset{\underset{R}{|}}{\overset{\overset{COOH}{|}}{C}}-H} \quad \underset{-H^+}{\overset{}{\rightleftharpoons}} \atop {+H^+} \quad \underset{\text{兩性離子}}{H_3\overset{+}{N}-\underset{\underset{R}{|}}{\overset{\overset{COO^-}{|}}{C}}-H} \quad \underset{-H^+}{\overset{}{\rightleftharpoons}} \atop {+H^+} \quad \underset{\text{高 pH\quad 陰離子}}{H_2N-\underset{\underset{R}{|}}{\overset{\overset{COO^-}{|}}{C}}-H}$$

❖ 圖 A.6　α-胺基酸的結構

從α-胺基酸到蛋白質

圖A.3（第186頁）依據α-胺基酸的R基（亦稱側鏈）分成幾大類，由圖可知，側鏈由許多不同性質的原子團所組成，有些是酸性，有些是鹼性，有些具親水性，有些具親油性，有機分子的幾個重要性質皆來自於側鏈。這便是蛋白質能進行多種化學反應的重要原因。

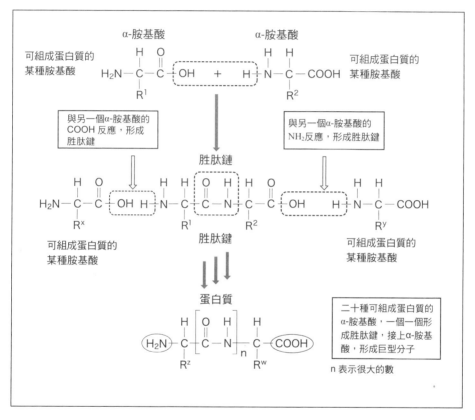

❖ 圖 A.7　由α-胺基酸形成的多肽鏈、蛋白質

α-胺基酸如何連接成蛋白質呢？如圖A.7所示，α-胺基酸的胺基會成為親核劑，與另一個α-胺基酸的羧基所帶有的碳原子（帶δ^+電荷）反應，形成胜肽鍵（反應機制請參考圖A.8）。R^1、R^2代表不同α-胺基酸的側鏈（R_1代表有一個R，R_2代表有兩個R）。α-胺基酸經過圖A.7的步驟，並重複幾萬次，便可

得到蛋白質聚合物，此即胜肽鍵所形成的巨型分子。這個巨型分子的表面，排列著許多α-胺基酸的側鏈。這些側鏈有各種性質，其他分子接近蛋白質，會與這些側鏈的原子團接觸。這些側鏈原子團的親水性、疏水性、酸性、鹼性等性質，進行排列組合，會與其他分子產生多種交互作用。基本上，生物體內各種化學反應多是來自這個機制。

❖ 圖 A.8　以胜肽鍵連接α-胺基酸的反應機制

⬡ 脂肪

　　脂肪是指生物體內，極性很低，非常難溶於水，卻易溶於有機溶劑的油性物質，是生物體重要的能量來源，最具代表性的例子是油脂。此外，以五個碳原子所組成的不飽和碳氫化合物——異戊二烯為單位，所組成的萜烯類化合物，也是重要的脂肪。

　　油脂由脂肪酸與甘油（1,2,3-丙三醇）經酯化過程（圖 A.9）所形成，這類產物又稱三酸甘油酯。甘油是擁有三個羥基的三價醇類。

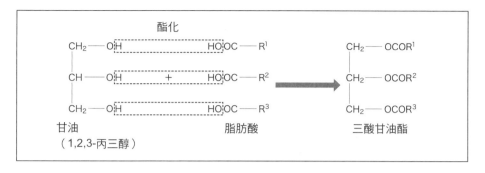

❖ 圖 A.9　三酸甘油酯的形成

　　三酸甘油酯的脂肪酸是具碳氫長鏈的羧酸，碳原子數多為十二至十八的偶數。三酸甘油酯正是人類飲食不可或缺的油脂，以植物油、魚油等方式廣泛存在於自然界。

　　請看圖 A.10 所列出的幾個常見例子。

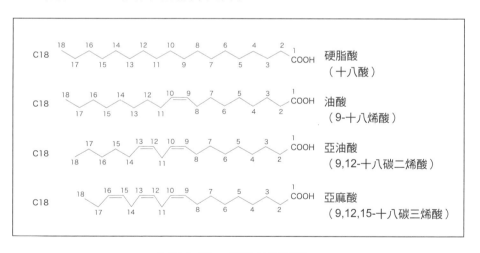

❖ 圖 A.10　　常見的脂肪酸

　　圖 A.10 列出的幾種脂肪酸常用名稱，是人們慣用的稱呼，但也可使用 IUPAC 的命名。例如，硬脂酸是慣用名，而括弧內的十八酸則是 IUPAC 的命名，下文將說明如何根據 IUPAC 的規則，為這些分子命名。

除了硬脂酸，圖中其他脂肪酸都有雙鍵。若化合物只有一個雙鍵，只需將化合物名稱末尾的酸，改為烯酸，因此圖 A.10 從上面算下來第二個化合物十八酸，IUPAC 名稱為十八烯酸；若化合物有一個雙鍵，雙鍵位於第 9 號碳，則命名為 9-十八烯酸。亞油酸有兩個雙鍵，需將語尾的酸改為二烯酸，且它的兩個雙鍵分別位於第 9 和第 12 號碳，因此 IUPAC 名稱是 9,12-十八二烯酸。亞麻酸有三個雙鍵，需將語尾的酸改為三烯酸，再依照三個雙鍵的位置，將 IUPAC 名稱定為 9,12,15-十八三烯酸。

⬡ 醣類

醣類又稱碳水化合物，如圖 A.11 所示，依據碳原子的數量，可分為數種。首先，圖 A.11 描述分子立體結構的費雪投影式，該如何繪製呢？左邊的圖以費雪投影式，表現分子的立體結構，而右邊的圖則用一般的立體結構表示方式。這兩種方式都能正確描述分子的立體結構。左圖費雪投影式的不對稱碳所具有的橫向線段，與右圖的實心楔形是一樣的意思，代表與不對稱碳鍵結的原子往前穿出紙面；不對稱碳的縱向線段，與右圖的虛線楔形相同，代表與不對稱碳鍵結的原子往後遠離紙面。圖 A.12 利用這個方法繪製，無論不對稱碳的數量增加多少，用這種方式都能簡單地描述立體結構，所以這個方法常用於描述醣類的立體分子結構。

❖ 圖 A.11　以三碳醣 D-甘油醛為例，說明費雪投影式如何描述分子的立體結構

1. 醣類結構的特徵

如圖 A.12 所示，醣類分子的結構有許多羥基，極易溶於水。醣類分子可依分子骨架的碳原子數分類。自然界存量最多的是，有五、六個碳原子的醣類──戊醣與己醣，圖中所列的醣類分子皆為單醣，而雙醣則由兩個單醣分子鍵結而成。醣類分子有大量的不對稱碳，所以有大量異構物。

此外，單醣類的分子結構還有一項特徵。如圖 A.13 所示，溶液的醣類分子是這三種結構的平衡混合物。通常環狀結構分子所佔比例會比鏈狀結構分子多，醣類的環狀結構與環已烯的椅式構形相同，而鏈狀結構分子頭尾銜接成環，會有兩種銜接的方向，所以生成的環狀化合物的OH基（羥基），可能有兩種方向，因此為了區別這兩種異構物，分別命名為α與β。

Tetrose （四碳醣）	Pentose （五碳醣）	Hexose （六碳醣）
CHO H——OH H——OH CH₂OH	CHO HO——H H——OH H——OH CH₂OH	CHO H——OH HO——H H——OH H——OH CH₂OH
D-赤蘚糖	D-阿拉伯糖	D-葡萄糖

❖ 圖 A.12　單醣的例子

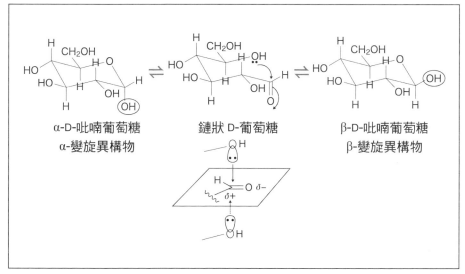

❖ 圖 A.13　D-葡萄糖的結構

2. 醣類巨型分子

　　自然界的醣類大多不是以單醣的形式存在，而是許多單醣分子脫水鍵結在一起，形成巨型分子（稱作多醣），例如，圖 A.14 的纖維素即是由單醣 D-葡萄糖連接而成的聚合物。自然界的多醣類可被酵素分解，用於維持生物體的結構與機能。另外，我們常說的砂糖，主成分是稱為蔗糖的化合物，分子式如圖 A.14 的上半部所示，是由兩種不同的單醣，脫水鍵結而成的雙醣。在這個例子裡，我們還可看到單醣類不只有六員環（吡喃）醣類，還有五員環（呋喃）醣類。

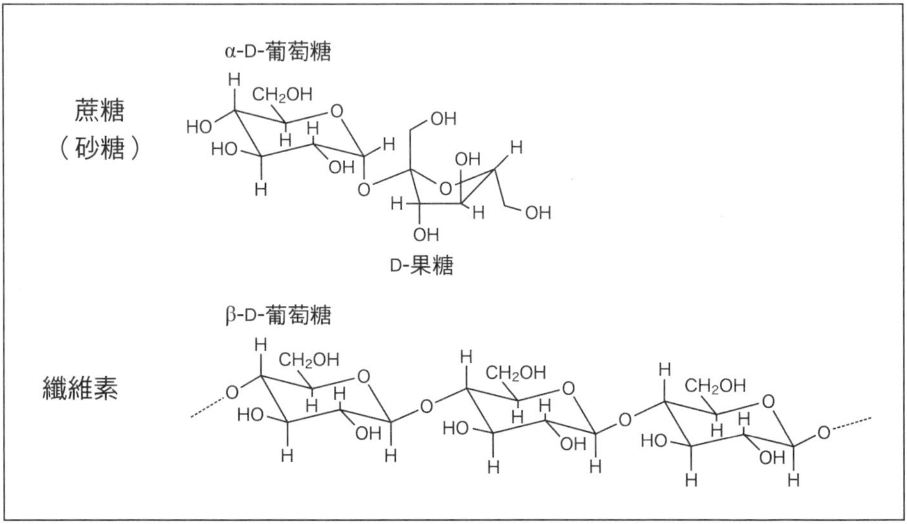

❖ 圖 A.14　屬於雙醣的砂糖，以及屬於多醣的纖維素分子結構

194

● 人工合成的聚合物

　　蛋白質是存於自然界的聚合物，但也可藉由人工的方式，以小分子組成巨型分子，例如塑膠、化學纖維等。為了有別於天然聚合物，這些巨型分子稱作合成聚合物（polymer）。如圖A.15所示，聚合物由單體（monomer，單分子）構成。這些單體可藉化學反應，兩個、三個……不斷結合，最後形成許多單體合成的巨型分子。這種由單體連結成聚合物的化學反應，稱作聚合反應，礙於篇幅限制，本文不詳細解說此過程。舉例來說，乙烯或苯乙烯的分子，一個個連結在一起，所形成的巨型分子，就是聚乙烯或聚苯乙烯等聚合物。「聚」是許多的意思。這些合成聚合物可製作塑膠袋、塑膠托盤、汽油容器等，還有各式各樣的用途。單體的乙烯在常溫常壓下為氣體，苯乙烯則為液體，將這些分子一個個連結成聚合物，便可製成薄膜，讓人不禁讚歎分子的美妙。還有許多人工聚合物具有各種機能，使我們的生活更多彩多姿。

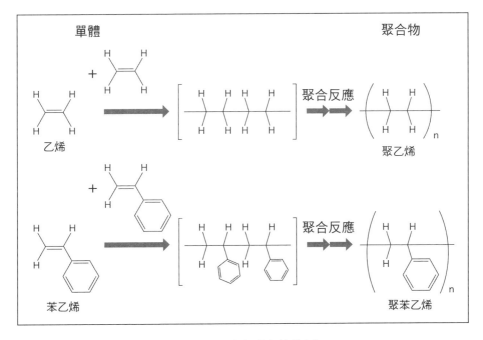

❖ 圖 A.15　單體與聚合物的例子

索引

〈作者簡介〉

長谷川 登志夫

1957 年出生於東京都。埼玉大學理學院化學系畢業。東京大學研究所理學系研究科畢業。理學博士。現為埼玉大學研究所理工學研究科副教授。專長為香料有機化學，從有機化學的角度，研究各種植物所散發的香氣特徵。

埼玉大學理學院 基礎化學科 長谷川研究室：
http://www.hase-lab-fragrance.org/

●漫畫製作　　**TREND-PRO/Books plus**
　　　　　　　1988 年創立的工作室，繪製漫畫與插圖，以輔助說明各種企劃案。Book plus 將 TREND-PRO 這個頂尖的日本公司，所傳承下來的方法，應用於書籍製作，包攬企劃、編輯、製作，為日本業界首屈一指的團隊。

●腳　　　本　　青木健生、大竹康師
●作　　　畫　　牧野博幸
●Ｄ　Ｔ　Ｐ　　石田毅

國家圖書館出版品預行編目（CIP）資料

世界第一簡單有機化學／長谷川登志夫作；陳朕疆
譯. -- 初版. -- 新北市：世茂，2015.11
面；　公分. --（科學視界；187）
ISBN 978-986-5779-98-6（平裝）

1.有機化學

346　　　　　　　　　　　　　104019421

科學視界 187

世界第一簡單有機化學

作　　者／長谷川 登志夫
譯　　者／陳朕疆
主　　編／簡玉芬
責任編輯／石文穎
出 版 者／世茂出版有限公司
負 責 人／簡泰雄
地　　址／（231）新北市新店區民生路 19 號 5 樓
電　　話／（02）2218-3277
傳　　真／（02）2218-3239（訂書專線）
　　　　　（02）2218-7539
劃撥帳號／19911841
戶　　名／世茂出版有限公司　單次郵購總金額未滿 500 元（含），請加 50 元掛號費
世茂官網／www.coolbooks.com.tw
排版製版／辰皓國際出版製作有限公司
印　　刷／祥新印刷股份有限公司
初版一刷／2015 年 11 月

I S B N／978-986-5779-98-6
定　　價／300 元

Original Japanese language edition
Manga de Wakaru Yuuki-kagaku
By Toshio Hasegawa and TREND-PRO
Copyright © 2014 by Toshio Hasegawa and TREND-PRO
Published by Ohmsha, Ltd.
This Traditional Chinese Language edition co-published by Ohmsha, Ltd. and
Shy Mau Publishing Group (Shy Mau Publishing Company)
Copyright © 2015
All rights reserved.

請沿虛線剪下裝訂寄回，謝謝！

讀 者 回 函 卡

感謝您購買本書，為了提供您更好的服務，歡迎填妥以下資料並寄回，
我們將定期寄給您最新書訊、優惠通知及活動消息。當然您也可以E-mail：
service@coolbooks.com.tw，提供我們寶貴的建議。

您的資料 (請以正楷填寫清楚)

購買書名：_____

姓名：_____ 生日：_____年____月____日

性別：□男 □女　　E-mail：_____

住址：□□□_____縣市_____鄉鎮市區_____路街
　　　　　_____段_____巷_____弄_____號_____樓

　　　聯絡電話：_____

職業：□傳播 □資訊 □商 □工 □軍公教 □學生 □其他：_____

學歷：□碩士以上 □大學 □專科 □高中 □國中以下

購買地點：□書店 □網路書店 □便利商店 □量販店 □其他：_____

購買此書原因：____ ____ ____ ____ (請按優先順序填寫)
1封面設計　2價格　3內容　4親友介紹　5廣告宣傳　6其他：_____

本書評價：____ 封面設計 1非常滿意 2滿意 3普通 4應改進
　　　　　____ 內　　容 1非常滿意 2滿意 3普通 4應改進
　　　　　____ 編　　輯 1非常滿意 2滿意 3普通 4應改進
　　　　　____ 校　　對 1非常滿意 2滿意 3普通 4應改進
　　　　　____ 定　　價 1非常滿意 2滿意 3普通 4應改進

給我們的建議：_____
_____
_____

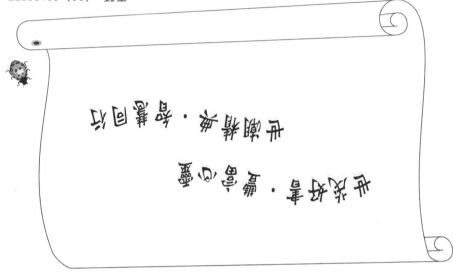

電話：(02) 22183277
傳真：(02) 22187539

生命潛能·掌握成功
用心吸收·享受閱讀

黏貼處

廣告回函
北區郵政管理局登記證
北台字第9702號
免貼郵票

231新北市新店區民生路19號5樓

世茂
世潮 出版有限公司 收
智富

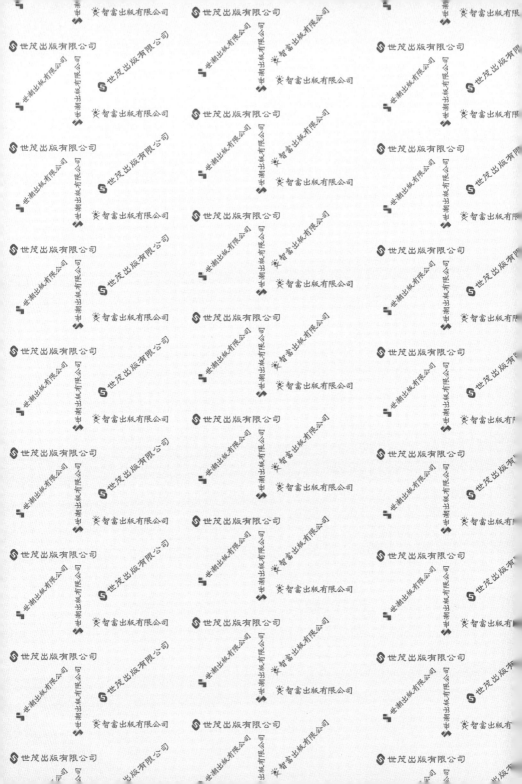

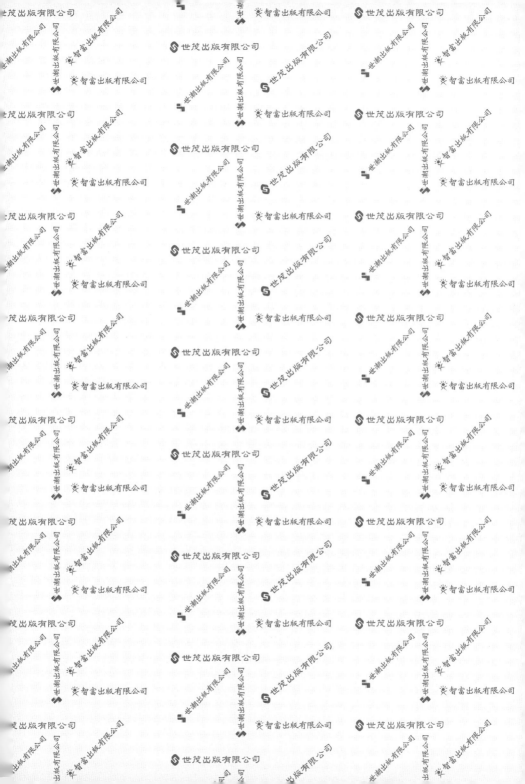